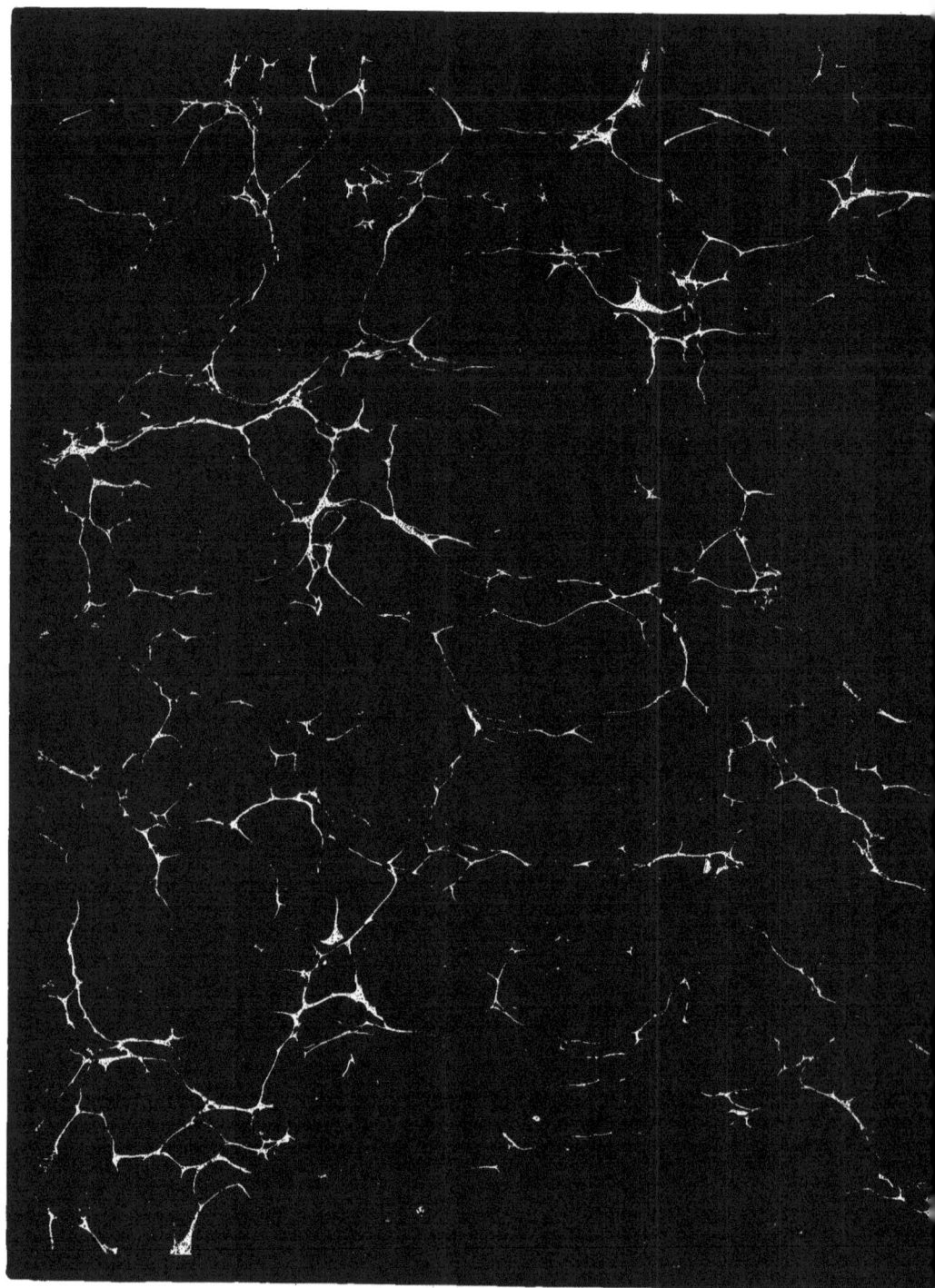

14978

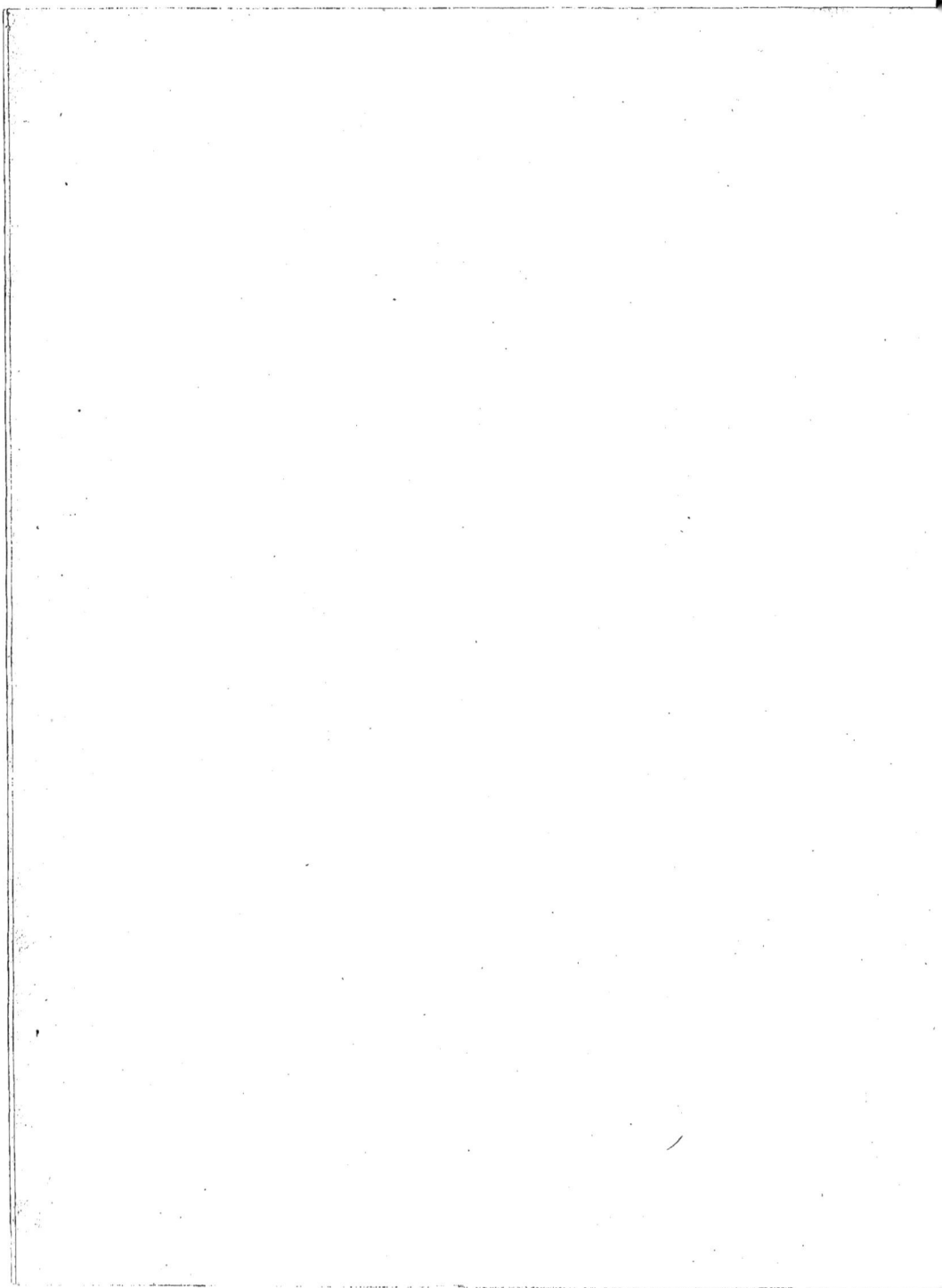

MÉMOIRE

SUR LES

EAUX DE PARIS

PROJET DE DISTRIBUTION GÉNÉRALE

PAR

GABRIEL GRIMAUD, DE CAUX

MONUMENT HYDRAULIQUE ET EAUX JAILLISSANTES, DESSINÉS PAR ADRIEN DAUZATS

PARIS

IMPRIMERIE SIMON RAÇON ET COMP., RUE D'ERFURTH, 1

1860

C.

SOMMAIRE

NOTES

EAUX DE PARIS
Projet de distribution générale
Par Gabriel Grimard'as Caux

PONT AQUEDUC DE LA MONNAIE

Dauzats inv Ph Benoist et Eug Cicéri lith

Les Eaux publiques d'une grande ville sont un élément de premier ordre et le plus considérable parmi ceux qui servent de base à l'entretien de la vie matérielle. On remplace le pain par d'autres aliments ; on ne remplace pas l'eau de la fontaine.

Cette question, où sont si profondément intéressées l'hygiène générale et la santé publique, a provoqué, dans tous les temps, la juste sollicitude des souverains. Il est glorieux d'attacher son nom aux grandes œuvres, dont une question de cette nature devient presque toujours le motif ou l'occasion.

Mais c'est mal imiter les anciens que de les copier servilement : leurs idées de grandeur étaient en rapport avec les lumières de leur époque ; il faut produire des œuvres nouvelles qui marquent un progrès véritable. L'industrie moderne est le fruit de la science et

1

des arts ; pour l'objet qui nous occupe, elle possède aujourd'hui la puissance de créer des monuments d'un caractère inconnu de l'antiquité. Les forces de la nature mises en jeu par l'intelligence humaine : telle est ici la base et le principal élément d'un grandiose plus digne d'admiration que ces œuvres gigantesques, dont les ruines nous étonnent, mais où se révèle au-dessus de tout, même au-dessus de l'art, la puissance matérielle de leurs fondateurs.

MÉMOIRE

SUR LES

EAUX DE PARIS

PROJET DE DISTRIBUTION GÉNÉRALE

M. le Préfet de la Seine a énoncé dans les termes suivants le programme relatif à la question des eaux publiques de la capitale :

« Amener à Paris, à 83 mètres d'altitude et au moindre prix,
« 100,000 mètres cubes, par vingt-quatre heures, d'une eau, la meil-
« leure possible, que les pauvres puissent boire sans la filtrer et sans la
« faire rafraîchir. » (Conseil municipal de la ville de Paris, séance d'installation du 14 novembre 1859.)

Ce programme est clair, bien déterminé, et l'état des choses le justifie.
« L'eau distribuée par la ville, dit avec raison M. le Préfet, n'est assez
abondante ni pour le service public, ni pour le service privé. Puisée dans
la Seine et dans l'Ourcq, elle n'est jamais au degré de pureté et elle est
rarement au degré de température qui conviennent à la consommation. »
(*Ibid.*)

L'un des besoins les plus pressants de la population parisienne sera donc pleinement satisfait quand le programme de M. le Préfet aura reçu son exécution.

Heureusement il ne présente, en aucune de ses parties, de difficultés insurmontables. Ses éléments, classés selon l'ordre de leur importance relative, sont les suivants :

1° L'eau doit être la meilleure possible ;

2° La quantité jugée nécessaire est de 100,000 mètres cubes en vingt-quatre heures, élevés en partie à 83 mètres au-dessus du niveau de la mer (57 mètres au-dessus du niveau de la Seine) ;

3° Il faut que les pauvres puissent la boire sans avoir besoin de la filtrer et sans la faire rafraîchir [1] ;

4° Elle doit être donnée au moindre prix.

C'est bien là l'ordre d'importance relative, et en effet la salubrité et la quantité sont des conditions essentielles et fondamentales : la salubrité d'abord, la quantité ensuite, qui se détermine par le chiffre de la population et par les nécessités de l'industrie.

Quant au bon marché, il se trouve réglé nécessairement par le prix de revient, et, par conséquent, il est subordonné à l'exécution plus ou moins coûteuse des conditions précédentes.

L'examen et la discussion de ces quatre éléments va nous conduire à la solution du problème, et nous permettre de répondre avec netteté à toutes les questions soulevées par le programme de M. le Préfet.

[1] Afin d'assurer principalement à la classe pauvre, conformément à une bienveillante pensée de l'Empereur, une boisson limpide, fraîche et salubre. (Paroles de M. le Préfet, séance d'installation.)

De l'eau la meilleure possible, et, en particulier, de l'eau la meilleure pour la population parisienne.

Pour déterminer les qualités que doivent avoir les *eaux publiques*, il faut considérer la véritable fonction de l'eau dans son application aux besoins généraux et particuliers de l'économie domestique et de l'industrie.

Dans tous les cas où on l'emploie, l'eau ne sert que d'excipient, de dissolvant ou de véhicule. Pour remplir cet objet d'une manière complète, l'eau doit être complétement inerte ; par ses qualités propres, elle ne doit rien ajouter ni rien ôter aux propriétés des substances actives qu'on lui confie.

Quand la chimie a besoin d'eau pour ses opérations, elle a recours à l'eau que des substances étrangères n'altèrent point dans sa composition élémentaire. Pour les besoins industriels, la nécessité est la même, la même pour les besoins de l'économie domestique, la préparation des aliments et la boisson.

Ainsi l'eau doit être neutre, parce que son rôle unique est de recevoir, de dissoudre et de transporter. Elle remplit donc imparfaitement son objet toutes les fois que, par des qualités particulières, c'est-à-dire par la présence sensible de tels ou tels principes fixes, de tels ou tels sels, elle vient, je le répète, ajouter ou retrancher des propriétés aux substances avec lesquelles on la met en contact intime.

Tel est le criterium qui doit servir de guide, la règle qu'il faut suivre, la loi qu'il faut respecter, pour établir une bonne distribution d'eaux publiques. Cette loi est simple et claire; elle est incontestable, elle dérive de la nature des choses, l'expérience et l'observation l'ont dictée; en la respectant, on atteint immanquablement le but, on donne aux populations la meilleure eau possible.

A l'époque où se discutait la valeur des sources dont la ville de Lyon pouvait emprunter les eaux, l'un des chimistes les plus distingués de cette ville, M. Dupasquier, composa un livre pour démontrer qu'il fallait préférer aux eaux du Rhône celles de plusieurs sources peu éloignées, qui contenaient en dissolution des sels favorables à la teinture de la soie. M. Dupasquier manquait au principe.

Ailleurs, quand il a été affirmé que les carbonates de chaux et de magnésie, loin de nuire à la qualité de l'eau, la rendent saine et agréable, on a aussi manqué au principe.

Dans une discussion sur ce sujet même des eaux de Paris, qui fait l'objet du présent travail, un défenseur du projet de dérivation des sources (A) se faisait un argument des qualités particulières de l'eau d'Arcueil, que les médecins regardent avec raison comme la moins bonne, et il citait des personnes obligées maintenant pour leur santé de se faire apporter de cette eau d'Arcueil sur la rive droite de la Seine, où les démolitions de la rue de la Harpe les ont forcées de transporter leur domicile. Ce défenseur du projet oubliait également le principe et basait son argument sur l'exception.

Et, en effet, s'il y a des sels agréables pour tels goûts, favorables pour telles teintures et tels tempéraments individuels, il y a d'autres goûts qui y répugnent, d'autres tempéraments et d'autres teintures pour lesquels ces mêmes sels peuvent être un inconvénient et même un danger.

Pour la boisson, il faut de plus que l'eau soit légère, c'est-à-dire aérée. L'eau a pour l'air une grande affinité, et l'élément qu'elle dissout de préférence et en plus grande quantité, c'est l'oxygène. L'air mêlé à l'eau est, en effet, plus oxygéné que celui de l'atmosphère. L'eau distillée, l'eau qui a bouilli, l'eau qui a été glacée pèse sur l'estomac. Dans les pays montagneux, où l'on ne fait usage que de l'eau de neige, dans les lieux élevés, où la pression atmosphérique insuffisante produit l'expansion progressive des fluides, l'eau privée d'air a des inconvénients pour la santé.

Il existe, au sujet des lieux élevés, des observations fort curieuses faites par M. Boussingault dans la Colombie. Au niveau de la mer, l'eau contient 35 parties d'air atmosphérique; à mesure qu'on s'élève dans les montagnes, la quantité d'air diminue, au point qu'à Santa-Fé l'eau de pluie n'en contient plus que 14 parties. De l'ensemble de ces observations, M. Boussingault tire cette conséquence importante que les affections goîtreuses sont uniquement dues à l'usage des eaux peu aérées. Il confirme ainsi l'opinion des médecins touchant cette maladie endémique des pays de montagnes, et il en donne en même temps la raison.

Il y a dans la nature trois sortes d'eau : 1° l'eau de pluie; 2° l'eau de source; 3° l'eau de rivière.

Eau de pluie. La chaleur atmosphérique fait évaporer la partie la plus légère des amas d'eau répandus à la surface de la terre; lorsque viennent à se condenser les vapeurs qui résultent de cette espèce de distillation, elles se précipitent, retombent en gouttelettes, et sont ainsi restituées, à la terre qui les avait fournies.

Or il faut noter ici deux circonstances capitales. D'un côté, l'évaporation se produit exclusivement avec la partie la plus légère des amas d'eau. Les substances fixes que l'eau de ces réservoirs peut tenir en dissolution ou en suspension ne suivent point les vapeurs aqueuses dans l'atmosphère. Ces vapeurs sont donc de l'eau à l'état de pureté; si bien que, ramenées au sol par la condensation, les gouttelettes qui constituent la pluie fournissent une eau entièrement dépouillée de toute matière fixe. D'un autre côté, les vapeurs dont la pluie est le produit sont intimement mêlées à l'atmosphère; elles sont en contact immédiat avec le fluide élastique; les gouttelettes à l'état naissant se trouvent donc dans les conditions les meilleures pour absorber l'air; elles s'en saturent avec excès, et l'excédant constitue ces grosses bulles que l'on voit se produire dans les orages au moment où la pluie atteint le sol.

Ainsi l'eau de pluie est toujours dépouillée de toute matière fixe, soit solide, soit suspendue, et elle est toujours saturée d'air.

Eau de source. C'est l'eau de pluie infiltrée dans le sol perméable, qui, après s'être insinuée dans les fentes des rochers, après avoir circulé sous terre en nappes ou en filets capillaires, est retenue par une roche imperméable ou par l'argile, et vient sourdre et couler au dehors en contre-bas du point où elle est tombée.

Dans cette transformation de l'eau de pluie en eau de source, il se présente deux cas : ou bien l'eau pluviale, en traversant les terrains, y rencontre des éléments solubles et les entraîne avec elle; ou bien elle est en contact avec un sol inerte qui n'est point susceptible de l'altérer dans sa composition chimique. Dans le premier cas, la source fournit une eau plus ou moins minérale; dans le second cas, elle rend l'eau comme elle l'avait reçue, du moins quant à ses principes constituants. C'est là ce qu'a voulu dire et qu'a exprimé avec tant de netteté Pline l'Ancien, dans cette phrase concise et véridique : *Tales sunt aquæ, qualis est terra per quam fluunt.* Mais, dans l'un et l'autre cas, l'eau de pluie éprouve une altération. En s'infiltrant lentement, ses molécules sont divisées par le terrain et laissent échapper, en quantité plus ou moins considérable, l'air dont elles étaient saturées au sein de l'atmosphère.

De ces faits naturels se déduit une double conséquence.

Les eaux de source peuvent être et sont le plus souvent minéralisées, c'est-à-dire altérées dans leur constitution élémentaire par leur mélange intime avec les principes solubles des terrains traversés; et nécessairement, dans tous les cas, elles sont privées d'une portion quelconque de l'air atmosphérique qu'elles retenaient avant de s'infiltrer.

Eaux courantes ou de rivière. Les rivières naissent d'une source principale et se grossissent des sources secondaires qu'elles rencontrent dans leur trajet en s'avançant vers la mer. Mais elles reçoivent aussi les eaux pluviales qui, dans les fortes averses surtout, ne s'infiltrent pas, à beaucoup près, dans la terre en totalité, mais coulent à la surface du sol et sur les pelouses des bois et des coteaux en assez grande abondance et avec rapidité, se chargeant, dans leur course précipitée, de terre végétale, de glaise, de graviers et de détritus de toutes sortes.

Telles sont donc les qualités et les conditions des eaux de rivière; non-seulement elles sont moins minéralisées que les eaux des sources, puisque la pluie, qui ne l'est pas du tout, entre pour une grande part, mais encore, et cela est dans la nature des choses, l'un des sels qui altèrent ces eaux ordinairement s'élimine de plus en plus, au fur et à mesure que leur cours se prolonge et s'étend. Ce sel est le carbonate de chaux, qui reste dissous à l'aide d'un excès d'acide. La rivière, en roulant ses eaux, en divise les molécules et les présente au contact de la lumière et de l'air, c'est-à-dire aux deux agents les plus puissants de toute évaporation. Dans ces circonstances, l'excès d'acide se dégage et le carbonate est précipité.

Ainsi se trouvent donc de plus en plus diminués les principes minéra-lisateurs que l'eau de rivière tient des sources à l'origine.

Quant à l'air atmosphérique perdu par ces mêmes eaux de source dans leur trajet à travers le sol, il leur est amplement restitué dans les rivières, où, durant leur cours à l'air libre et au soleil, elles ne peuvent manquer d'absorber la quantité d'air nécessaire à leur sa-turation.

Restent les matières suspendues et troublantes. Leur aspect dans une eau destinée à la boisson est désagréable à l'œil; mais le défaut de limpidité complète intéresse-t-il essentiellement la santé? On en dispute. Il est certain que les troupeaux, dont la chair forme notre nourriture, ne se désaltèrent dans les mares qu'après en avoir forte-ment agité la vase avec leurs pieds. Les substances troublantes s'éli-minent, au surplus, par le filtrage, dont la question sera traitée plus loin avec développement.

De l'examen qui précède il résulte que l'eau de rivière doit être préférée à l'eau de source.

Cette conclusion étant donnée par l'application d'un principe fondé sur la nature des choses, il n'est pas étonnant qu'elle soit d'accord avec

2

l'usage de tous les siècles. Les premiers établissements de presque tous les peuples se sont fondés sur le bord des fleuves : le prix que l'on attachait à la bonté de leurs eaux a été même quelquefois jusqu'à les diviniser. Le Nil, sous les Pharaons, et, de nos jours encore, le Gange, roulent des eaux sacrées.

La ville de Bordeaux consulta l'Académie des sciences, il y a quelques années, sur la préférence à donner aux eaux de source ou aux eaux de rivière; MM. Thénard, Girard, Arago, Robiquet, Poncelet et Dumas, respectant le principe et les enseignements de l'expérience, n'hésitèrent pas à conseiller l'eau de la Garonne.

Et maintenant il est facile de déterminer quelle peut être l'eau la meilleure pour la population parisienne. L'eau de source sera toujours inférieure à l'eau de la Seine au point de vue de l'*aérage;* c'est donc l'eau de Seine qu'il faut distribuer dans Paris.

Mais sur quel point du fleuve faut-il faire la prise d'eau? A coup sûr ce serait en amont du pont d'Ivry qu'il faudrait aller mettre l'inscription : *Hinc urbis potus,* si le régime du fleuve devait rester le même. Mais l'amélioration qui se poursuit dans son passage à travers Paris, les grands travaux qui s'exécutent pour systématiser les égouts et en amener les produits en aval, au moyen de deux canaux collecteurs (*cloaca maxima*), un pour chaque rive du fleuve, permettent de faire la prise d'eau au centre même de la ville, sans qu'il y ait lieu d'accuser désormais aucune répugnance (B).

Une autre raison encore, raison d'un ordre supérieur, doit faire préférer l'eau de Seine à l'eau des sources. Cette raison se tire de l'expérience fournie par un long usage. De toutes les capitales de l'Europe, la ville de Paris est celle dont le chiffre de la mortalité est le moins élevé :

Sur 1,000 individus nés en même temps, il en reste, à l'âge de cinquante ans :

A Vienne (Autriche).	147
A Londres.	147
A Berlin.	157
A Paris	396

Une personne qui a atteint l'âge de cinquante ans peut espérer de vivre encore :

A Londres	26.66	centièmes
A Berlin	27.47	—
A Vienne.	28.32	—
A Paris.	37.01	—

Ces chiffres extraits des tables de Francis Baily, qui, parmi les hommes spéciaux, jouissent d'un crédit parfaitement mérité, démontrent que le climat de Paris est plus conservateur que le climat de Londres, de Berlin et de Vienne. Or, comme les éléments d'un climat sont au nombre de trois seulement (C) et que les eaux en font partie, les eaux de la Seine, il est naturel de le penser, contribuent pour une grande part à la salubrité[1] de notre capitale. On ne saurait sans imprudence substituer à ces eaux, dont les propriétés sont si authentiquement constatées, les eaux de source qu'un défaut d'*aérage* inhérent aux conditions de leur origine maintiendra dans un état incontestable d'infériorité relative.

[1] « Il faut n'affirmer qu'une eau est propre aux usages hygiéniques qu'après s'être assuré, par une enquête, que ceux qui en boivent n'éprouvent aucun inconvénient de son usage, et que leur constitution et leur santé n'en ont reçu aucune modification fâcheuse. »

(*Annuaire des eaux de la France pour* 1851, publié par ordre du Ministre de l'agriculture et du commerce, et rédigé par une commission spéciale ; Paris, imprimerie nationale, 1851.)

II

La prospérité industrielle d'une ville et le chiffre de sa mortalité sont déterminés en grande partie par la qualité de ses eaux et par leur quantité. Cette vérité est passée à l'état d'axiome assez généralement consenti par les hygiénistes et les économistes.

La question de la qualité a été suffisamment élucidée dans ce qui précède. Les évaluations que l'on a faites de la quantité sont très-diverses. Partout elles sont relatives aux lieux et aux habitudes (D). Généralement, plus une population a de l'eau, plus elle en consomme; et, à ce propos, on dit volontiers : L'eau est comme l'air, on n'en peut pas abuser. C'est là une erreur, dont voici la preuve matérielle.

En Écosse, les pauvres ont de l'eau à discrétion. Dans les cours de chaque maison vous trouvez des robinets qui s'ouvrent pour tout le monde. On a comparé la consommation par tête et par jour dans deux villes, à Glascow et à Paisley; on a trouvé qu'il fallait 6 litres 30 dans cette dernière ville, tandis qu'à Glascow il n'en faut que 4 litres 50.

La raison de cette différence a été recherchée, et il a été démontré qu'elle tenait uniquement à la différence dans la hauteur des maisons et le nombre des étages. Les locataires des étages supérieurs consomment moins que les locataires des premiers étages. Avec les habitudes anglaises, il est évident qu'à aucun étage on ne se prive du nécessaire; il faut plutôt croire que ceux des premiers abusent de la facilité plus grande qu'ils ont de se procurer l'eau.

Pour déterminer la quantité d'eau nécessaire à la population parisienne, il faut tenir compte de l'utilité et de l'agrément.

L'utilité se rapporte :

1° A la boisson des personnes et des animaux ;

2° Aux soins de propreté qui concernent tous les êtres vivants, et qui s'appliquent aussi aux objets à leur usage ;

3° Aux besoins de l'industrie et à l'arrosage des jardins ;
Les eaux destinées à l'agrément sont celles qu'on dépense :

Pour les fontaines monumentales ; pour abattre la poussière dans la plupart des rues, dans les avenues et sur les places.

En attribuant à chacun de ces besoins une part généreuse, on aura satisfait à tout. Mais il faut y pourvoir largement.

Élargir des rues, percer des boulevards pour distribuer l'air et le soleil aux maisons qui les bordent, établir des galeries sous le sol, relier ces galeries aux maisons par des embranchements et des canaux ; recueillir et porter au loin les eaux que l'usage de la vie a rendues impures, de pareils travaux ont une importance incontestable, mais ils sont loin d'être suffisants : il faut encore, il faut surtout établir dans ces canaux et dans ces galeries une circulation permanente, continuelle, qui, entraînant les substances fermentescibles à mesure qu'elles arrivent, empêche de s'établir tout foyer de corruption et tout développement de miasmes.

Sans cette condition de chasse permanente, l'air et le soleil aident à l'infection ; la chaleur du soleil favorise la formation des gaz miasmatiques dans les matières stagnantes, et le mouvement de l'air porte ces gaz dans toutes les directions. Ce n'est pas autrement, en effet, que naissent, s'entretiennent et se fixent les épidémies dans les grands centres de population.

A Paris aujourd'hui, malgré les mesures prises par l'autorité, il y a peu de rues où les conditions de salubrité soient complètes et puissent l'être. Pour remplir ces conditions, en effet, on se contente de faire circuler, pendant deux heures par jour, l'eau des bornes-fontaines ; mais la façon obligée dont on s'y prend pourrait être elle-même une cause d'insalubrité. Quand, au matin, les préposés à la propreté des rues livrent le pavé à leurs brigades, le premier effet du bouleau qui se promène est de répandre dans l'air les gaz que la stagnation, durant la nuit, a accumulés dans les ruisseaux. Quiconque, à ce moment-là, parcourt les rues de Paris, est désagréablement et péniblement impressionné par cet inconvénient, en l'état actuel, inévitable.

Il n'en serait plus de même, on le comprend, si l'écoulement permanent d'une eau suffisamment abondante empêchait toute stagnation, la nuit comme le jour.

Ceci est pour la salubrité.

Quant à la décoration des places publiques, nous l'entendons autrement que les Anglais, qui appellent nos fontaines des *non-sens*. L'eau qu'ils voient s'en écouler est du bien perdu à leurs yeux, parce qu'ils n'en aperçoivent ni la destination ni l'emploi. Le ciel brumeux de Londres, où chaque jour un brouillard épais, *cœlum crebris imbribus ac nebulis fœdum*, a dit Tacite (*Vie d'Agricola*), se résout en pluie, les rend peu sensibles à l'agrément des gerbes d'eau qui jaillissent de nos fontaines, et répandent dans l'air une fraîcheur bien appréciée les jours d'été.

Mais pour que les fontaines soient des monuments véritablement utiles, il ne faut point les laisser dans la condition de ces naïades de coin de rue, qui versent timidement de maigres filets liquides, et même, comme on le voit à la belle fontaine de Grenelle, ne les épanchent de leur urne parcimonieuse qu'à la sollicitation du porteur d'eau. Il faut partout des tritons et des nymphes versant des torrents, comme à la place Louis XV.

Un pareil genre de décoration manque à la plupart de nos places : il manque, particulièrement, sur la place Sainte-Geneviève. A une pareille élévation, le mérite de la difficulté vaincue viendrait accroître la beauté qui résulte toujours des eaux jaillissantes dans le voisinage d'un grand monument.

Il s'agit maintenant de préciser des chiffres. Les indications suivantes fourniront des données plus qu'approximatives aux personnes qui seraient curieuses d'affirmer à un litre près.

Dans les évaluations servant de base pour régler les abonnements des grandes maisons, on compte par vingt-quatre heures :

Pour une personne.	20	litres
Pour un cheval	75	—
Pour un bain	300	—
Un litre de bière fabriquée.	4	—
Une voiture de luxe à deux roues	40	—
— à quatre roues	7ū	
Pour arroser un mètre carré de jardin . .	1 50	
Pour alimenter un cheval de vapeur. . . .	160	—

Les fontaines monumentales suivantes dépensent par seconde, savoir :

La fontaine Saint-Georges	5	litres
— Richelieu	9	—
Gerbe du Palais-Royal	23	—
Gerbe du Rond-Point des Champs-Élysées	25	—
Les deux fontaines de la place de la Concorde, ensemble	110	—
La nouvelle fontaine dédiée à Saint-Michel, comme la gerbe du Palais-Royal.	23	—

En adoptant la classification de M. le Préfet, il faut se borner à trois chefs de dépense et comprendre sous ces trois chefs tous les besoins, en donnant à l'unité une valeur suffisante. Ainsi il y a :

1° Le chiffre de la population à desservir ;

2° La superficie du sol à arroser ;

3° Il faut enfin alimenter les fontaines monumentales.

1° *Population*. En prenant pour base 2,000,000 d'habitants, à 40 litres par tête, on a à distribuer de ce chef et par jour, ci . . . . 80,000 mètres cubes

2° *Superficie du sol*. Elle comprend 76,000,000 mètres carrés : à 1 litre par mètre, ci. . . . . 76,000 — —

Fontaines monumentales créées ou à créer[1] . . . . 20,000 — .

Total. 176,000 mètres cubes,

[1] Les fontaines monumentales dépensent aujourd'hui 14,540 mètres cubes d'eau par jour.

L'unité de 40 litres par personne laisse un excédant énorme pour la satisfaction des besoins autres que ceux de la boisson. En effet, la voie d'eau est de 20 litres, et il n'y a pas de ménage dans lequel on consomme une voie d'eau par tête et par jour. Un ménage composé de quatre personnes alimente tous les jours sa fontaine avec une voie d'eau : c'est 5 litres par tête, et chacun est abondamment pourvu. L'excédant des besoins tels qu'on les satisfait présentement est donc de 35 litres par personne, 70,000 mètres cubes par jour pour 2 millions d'habitants. Évidemment, dans un pareil excédant, il y a de quoi pourvoir aux besoins accessoires, aux besoins de l'avenir amenés par une dépense d'eau plus considérable et par des habitudes nouvelles, comme aussi aux besoins d'une industrie plus développée.

Le même raisonnement s'applique à la superficie d'arrosement. On n'arrose pas le terrain occupé par les constructions. Ici l'excédant est de un tiers, c'est-à-dire de 40,000 mètres cubes au moins, qui peuvent fort bien se détourner aussi sur l'industrie.

Pour ce qui est des fontaines monumentales, elles n'ont jamais d'excédant, l'effet qu'on recherche étant en raison de l'abondance du liquide répandu.

176,000 mètres cubes, tel est le chiffre accusé par les besoins largement satisfaits. Élevons encore cette quantité et portons-là jusqu'à 200,000 mètres cubes; nous aurons alors à prendre en Seine, par seconde, 2 mètres cubes et 315 millièmes, ou 2,315 litres, si le service doit se faire en 24 heures, et moins de 5 mètres cubes ou de 5,000 litres, s'il doit être fait en 12 heures, comme la prudence doit le conseiller. Or le débit de la Seine dans les moyennes eaux, d'après M. Dausse, est de 255 mètres cubes par seconde : à l'étiage, il est de 75 mètres cubes; dans les basses eaux extraordinaires de 1857-58, il a été encore de 44 mètres cubes.

Le point culminant de Paris est à 57 mètres au-dessus du niveau de la Seine (83 mètres du niveau de la mer). Il n'y a qu'une portion très-limitée du mamelon de Montmartre et du sommet de Belleville qui soit au-dessus de ce niveau En calculant la hauteur des maisons dans les autres quartiers, on peut, je crois, prendre le chiffre de 40 mètres pour base de l'élévation moyenne à laquelle il faudrait porter la totalité des eaux. Ainsi, en admettant qu'il fallût puiser toutes les eaux en Seine, les forces motrices et les dépenses devraient être calculées pour une hauteur moyenne de 40 mètres.

Mais on n'a pas besoin de prendre 200,000 mètres cubes d'eau à la Seine exclusivement; car le canal de l'Ourcq en doit à la ville 104,000 mètres cubes, et, bien que son eau soit inférieure en qualité à celle de la Seine, il y a deux parties de la distribution auxquelles elle peut être appliquée sans inconvénient d'aucune sorte. En effet, il est, sans inconvénient pour l'hygiène que l'eau des poteaux d'arrosement et des fontaines monumentales soit moins pure que celle qui est destinée à la boisson et aux besoins de l'économie domestique.

A la vérité, les eaux de l'Ourcq ne peuvent arriver sur Paris que jusqu'à un certain niveau, à 25 mètres au-dessus du niveau de la Seine. A cette hauteur, elles desservent encore les quatre cinquièmes de la surface de Paris, telle qu'elle était avant l'adjonction de la banlieue. Les eaux de la Seine devraient suppléer au cinquième manquant pour les arrosements et les fontaines monumentales, dans ces localités supérieures où d'ailleurs les habitations sont moins nombreuses et les fontaines monumentales comparativement plus rares.

Un double réseau de distribution est donc nécessaire aussi dans le système actuel, comme dans le projet de dérivation des sources. Il faut un réseau pour les eaux de la Seine et un réseau pour les eaux de l'Ourcq; mais les frais d'élévation en sont diminués d'autant, parce que l'eau de l'Ourcq coulant par sa propre pente, on n'a plus à pousser en eau de Seine que le complément d'eau nécessaire aux quartiers situés au-dessus du plan de l'Ourcq, ajoutée à celle qui est destinée à la boisson et aux divers besoins de l'économie domestique dans tous les quartiers de la capitale.

La quantité afférente aux quartiers situés au-dessus du plan de l'Ourcq étant évaluée au cinquième, c'est 20,000 mètres qu'on ajouterait aux

5

80,000 déjà comptés, ce qui porte à 100,000 mètres cubes la quantité d'eau qu'il faudrait prendre en définitive tous les jours à la Seine, soit en 24 heures, soit en 12 heures seulement.

Telle serait donc la quantité d'eau à élever par jour.

En général, les machines à vapeur sont indiquées toutes les fois qu'on n'a pas sous la main des forces naturelles suffisantes et d'un emploi avantageux, c'est-à-dire économique.

Or la Seine fournit, au-dessous du pont Neuf, une force naturelle qui a été diversement calculée, appréciée, mais qui est réelle et constante. En admettant que, par suite des crues, cette force soit sujette à des interruptions d'action, comme l'eau qu'elle aurait à fournir serait relative surtout à la quantité attribuée à l'économie domestique, on obvierait à ces interruptions, qui d'ailleurs sont rarement de longue durée, en faisant fonctionner avec une plus grande puissance les machines à vapeur établies sur la Seine pour servir de complément à la force naturelle fournie par la chute d'eau.

Il résulte de là que le système d'élévation devra être mixte. On prendra à la Seine toute la force qu'elle pourra donner, et on demandera à la vapeur le complément du service.

Au bas du pont Neuf, on est sûr d'obtenir de la Seine, une force motrice de 2,000 chevaux, au moyen d'un barrage établi en continuation de celui qui sert à l'écluse[1]. Et en considérant que 3,000 chevaux fourniraient, à 57 mètres d'élévation, 3,50 mètres cubes d'eau par seconde, 302,400 mètres cubes en 24 heures, c'est-à-dire plus de trois fois autant que les besoins accusés, il devient évident que la force fournie par la Seine pourra suffire au travail pendant plus de neuf mois de l'année.

En l'état actuel des moyens que possède l'industrie, à la vue des perfectionnements de ses engins, comment admettre que leur emploi, qui

---

[1] La force brute disponible à la nouvelle machine hydraulique de Marly est de 1,200 à 1,500 chevaux de vapeur, suivant la hauteur variable de la chute et avec un volume d'eau égal à la moitié du débit du fleuve.

est universel, ne fût pas applicable aux eaux de Paris? A propos de cette question même, il a été fait contre l'emploi des machines à vapeur, des objections peu fondées. Les machines se dérangent, dit-on, et l'on a dénombré les accidents d'un équipage. Mais quelle est l'œuvre humaine qui soit parfaite? Est-ce que les canaux, qu'ils soient fermés ou à ciel ouvert, ne sont pas sujets à dérangement? Voyez l'aqueduc de Bordeaux. On croyait avoir pris toutes les précautions; le projet avait subi tous les examens et tous les contrôles officiels, et cependant il s'est ruiné avec désastre.

Les machines à vapeur ou hydrauliques ont particulièrement cela d'avantageux qu'on peut repartir le travail sur un nombre de machines supérieur aux besoins du service, et de manière à suppléer, par un engin surnuméraire, au repos de celui qu'un accident force à mettre en réparation. Avec les aqueducs, il n'y a plus la même facilité, à moins de les multiplier et de faire comme les Romains, qui, pour être sûrs d'avoir constamment un litre d'eau, en amenaient 500 à la ville, avec des travaux qui, à la vérité, ne coûtaient rien au peuple-roi, les nations vaincues·fournissant des esclaves et de riches dépouilles.

III

**Il faut que les pauvres puissent boire l'eau sans avoir besoin
de la filtrer et de la faire rafraîchir.**

Une eau est limpide lorsque les molécules dont elle se compose sont
parfaitement dissoutes, et que les rayons lumineux peuvent traverser sa
masse sans altération visible. Quand on fait fondre un morceau de sucre
dans un verre d'eau claire, cette addition d'une substance soluble n'al-
tère point la transparence du verre d'eau. Si, au lieu de sucre, vous mettez
une autre substance soluble, comme du sulfate de soude ou du sel marin,
l'eau n'en paraîtra pas moins limpide ; et pourtant il y aura une grande
différence entre l'eau pure et l'eau sucrée ou salée. L'absence de limpidité
dans l'eau tient uniquement à ce que des matières plus ou moins légères
sont mêlées à ses molécules, et y restent suspendues par l'agitation. Et
comme le repos suffit (*contraria contrariis*) pour que ces matières se dépo-
sent et que l'eau devienne limpide, il résulte de là que le défaut de limpidité d'une eau n'a aucun rapport intime avec sa composition élémentaire
ou sa pureté chimique.

Le repos suffit pour rendre à l'eau sa limpidité, mais un repos qui,
selon les circonstances, doit être plus ou moins prolongé. Il ne faudrait
pas moins de dix jours d'une immobilité absolue dans un réservoir pour
rendre limpides les eaux de la Seine et de la Garonne. Il faut quinze jours
pour l'eau de la Loire; dans les crues il faudrait encore plus longtemps.
Cet état de repos prolongé n'est pas sans inconvénient. L'eau est dor-
mante, et tous les caractères des eaux dormantes s'y développent à la

longue, et dans la saison chaude assez promptement. C'est de la végétation, ce sont des insectes, des reptiles même, qui y vivent et y meurent, et donnent au liquide une odeur et un goût de marécage.

Le repos n'est donc pas un moyen applicable, et si, dans les grands établissements, en Angleterre et en France, on fait usage de bassins de dépôt, c'est seulement pour débarrasser l'eau de ce qu'elle renferme de plus lourd et de plus grossier. Les grosses matières, en effet, se précipitent assez vite, il n'en est pas de même des plus fines; celles-ci descendent avec une lenteur qui est toujours en rapport avec leur excessive ténuité.

Ainsi l'eau qui ne demeure pas un temps suffisant dans les réservoirs de dépôt en sort blanche et laiteuse, et, dans les meilleures conditions qu'on puisse obtenir de ce moyen, elle reste opaline ; et si on la laisse dans l'immobilité jusqu'à ce qu'elle soit complétement limpide, elle y acquiert des propriétés désagréables et même nuisibles.

En présence de cette difficulté, on a pensé qu'en imitant les sources naturelles, c'est-à-dire en faisant passer l'eau à travers des couches de gravier et de sable plus ou moins fin, on obtiendrait cette limpidité qui se remarque dans les eaux qui sourdent des terrains sableux. Cette idée a été appliquée en grand dans plusieurs établissements d'Angleterre, et notamment à Chelsea, à Southwark, à Thames-Ditton, où, des réservoirs de dépôt, l'eau vient se répandre sur des surfaces filtrantes d'une étendue assez considérable. Là elle passe à travers des couches superposées de sable fin de mer, de sable et de gravier, de coquilles de mer, et enfin de gros sable; le tout posé sur un lit d'argile qui n'a pas moins de 60 centimètres d'épaisseur. Le filtre de Chelsea, ainsi composé, a 75 mètres de long sur 55 de large.

Il convient ici de faire observer deux points. Les frais de construction sont très-considérables et les frais de manutention ne le sont pas moins, car il faut nettoyer ces filtres tous les dix jours. C'est ce qui fait que, dans une enquête parlementaire ayant pour objet l'approvisionnement de Londres, plusieurs compagnies répondirent que, si on les obligeait à filtrer l'eau de la Tamise, leur prix de vente devrait inévitablement s'accroître de 15 pour 100.

Le second point qui doit fixer l'attention, c'est précisément la cause qui nécessite un si fréquent et si dispendieux nettoyage. L'eau sort du filtre dans un état de limpidité de plus en plus complète. Quand le filtre vient d'être nettoyé, il débite beaucoup et la transparence de l'eau est satisfaisante : à mesure qu'il fonctionne, la limpidité augmente, mais le débit diminue, et l'eau montre une apparence cristalline parfaite quand l'appareil est devenu insuffisant et que le nettoyage est indispensable. On comprend qu'un pareil procédé a des bornes, qu'il est nécessairement limité dans ses effets, et qu'il ne résout pas la question du filtrage en grand d'une manière complète.

Le filtre de Chelsea et ses analogues ne fonctionnent qu'avec la pression naturelle, la pression d'une atmosphère augmentée de 2 mètres 50 centimètres environ, qui constituent la différence de niveau entre leur surface et celle de l'eau dans le réservoir de dépôt ou bassin d'alimentation; et, dans ces conditions, ils ne donnent pas en moyenne 8 mètres cubes d'eau par mètre carré en 24 heures. Cette difficulté fit naître dans quelques esprits l'idée de recourir à la pression artificielle. La quantité devait être augmentée et le fut réellement dans un temps donné; mais, le filtre s'engorgeant avec une promptitude relative, on le nettoyait en faisant agir la pression en sens inverse. Il existe sur cette invention un rapport de M. Arago à l'Académie des sciences; ce rapport eut une influence positive sur le parti que prit la Ville de filtrer l'eau de quelques-unes de ses fontaines publiques. La Ville aurait dû s'y tenir : les filtres à pression, garnis de sable, donnaient une eau satisfaisante en tout temps, et certainement, avec l'habitude des fontaines en pierre ou en grès, que l'on a dans toutes les maisons, c'était un grand service rendu à la population que de lui livrer cette eau sans augmentation de prix. Mais dans les grandes crues l'eau était opaline; la Ville voulut avoir mieux, et, comme c'est l'ordinaire, le mieux devint l'ennemi du bien.

Les inventeurs de filtres à pression ajoutèrent au sable une couche d'éponges bien serrées, tandis qu'un autre inventeur imagina d'employer la tondaille de laine, de la laine tontisse.

On ne s'explique pas comment il a pu se faire qu'on ait méconnu à ce point les principes ou qu'on les ait ignorés. On établit au haut de la pompe Notre-Dame un appareil de filtrage fonctionnant avec de la laine tontisse, et l'Académie (alors royale, février 1841) de médecine approuva le procédé à la suite d'une discussion dans laquelle le principe qui régit la matière ne fut pas même mentionné.

En présence de cette approbation, que pouvait faire l'édilité, à qui appartient en cette matière la tutelle de la santé publique? L'édilité consentit à l'application de la laine tontisse au filtrage des fontaines publiques, et depuis cette époque la partie de la population qui s'alimente à certaines fontaines de la ville boit de l'eau filtrée avec de la laine.

Dans tout système de filtrage, la nature particulière de la matière filtrante est la condition essentielle et dominante. La matière filtrante doit être inerte, neutre, elle ne doit agir que mécaniquement sur les matières en suspension dans les liquides à filtrer.

Voilà le principe : l'Académie de médecine ne devait pas l'ignorer. Outre qu'il résulte de la nature des choses, l'Académie des sciences l'avait proclamé quatre ans auparavant, en 1837, par l'organe d'une commission : « L'eau, disait M. Arago, rapporteur, *comme la femme de César, doit être à l'abri du soupçon.* » Il citait ce mot d'un ingénieur anglais qui avait une longue habitude de ces questions d'*eaux publiques*, et il ajoutait : « Voilà, sous une forme peut-être singulière, mais vraie, la condamnation définitive de tout moyen de clarification qui introduira dans l'eau de rivière quelque nouvelle substance dont elle était chimiquement dépourvue; voilà pourquoi les tentatives les plus récentes des ingénieurs se sont dirigées vers l'emploi de matières inertes, ou qui du moins ne peuvent rien céder à l'eau. Ces matières sont du gravier plus ou moins gros, du sable plus ou moins fin, et du charbon pilé. »

La laine n'est pas une substance inerte, les éponges non plus. La laine surtout se pénètre avec la plus grande facilité de tous les miasmes; c'est par la laine qu'on importe la peste d'un lieu dans un autre. Il était permis d'ignorer [1] que l'eau filtrée par la laine présente au microscope une quantité de filaments déliés qui ne sont autre chose que des débris excessivement ténus de tondaille. On peut, dis-je, ignorer ce fait d'observation, qui exige l'habitude d'un instrument d'optique dont tout le monde ne peut pas se servir; mais ce qui est impardonnable, c'est, je le répète, de n'avoir pas fait cette observation que la laine, en sa qualité de matière animale, est, par ce seul fait, dans la circonstance, insalubre au plus haut degré, et conséquemment impropre à l'épuration des eaux destinées aux besoins des citoyens.

L'opinion que j'exprime, j'ai hâte de le dire, n'est point émise pour la circonstance; je l'ai consignée presque dans les mêmes termes dans mon *Essai sur les eaux publiques et sur leurs applications aux besoins des grandes villes*. Paris, 1841.

Indépendamment du principe relatif à la nature de la matière filtrante, principe qu'il suffit d'énoncer pour en faire voir l'importance, il faut reconnaître que la question du filtrage en grand constitue un des problèmes comme il s'en présente à chaque instant dans l'histoire des luttes que l'homme entreprend avec la nature. A la manière dont on l'a posé, le problème est réellement insoluble, ce qui me reste à dire mettra en évidence mon assertion.

L'imperfection du filtrage dans de petits appareils fonctionnant sous de grandes pressions est donc parfaitement établie. On a vu de même dans quelles limites étroites était renfermée l'action des grands filtres d'Angleterre. D'autres procédés inspirés par des dispositions particulières de terrain ont été mis en usage, et ont donné des résultats qu'on peut dire satisfaisants pour le présent. Je veux parler des *filtres naturels* et des *galeries filtrantes*, comme on en a construit à Toulouse, à Vienne et à Lyon, et comme on en avait essayé à Glascow, à Liverpool et à Greenock, avec des succès divers.

Le principe qui a présidé à l'exécution de ces établissements, c'est l'imitation des sources naturelles, dont certaines coulent uniformé-

[1] MM. Émery et Boutron firent pourtant observer dans la discussion que l'eau obtenue par ce procédé contenait des morceaux de laine entraînés pendant le cours de l'opération.
(*Bulletin de l'Acad. de médecine*, tome VI, page 446.)'

ment, sans interruption, et donnent toujours de l'eau claire. Mais l'imitation est forcément incomplète. Dans ces sources naturelles, qui sont le résultat des infiltrations lentes de l'eau de pluie, la clarification s'opère dans des bancs de sable très-étendus et qui occupent quelquefois des provinces entières. Dans les sources artificielles, la surface filtrante a toujours une étendue bornée et son produit est en relation avec la circonscription de ses limites. L'ingénieur Thom de Greenock, qu'on peut citer comme l'un des praticiens les plus habiles et les plus expérimentés en cette matière, a exposé avec une clarté parfaite ce qui se passe dans ce cas :

« Supposons, dit-il, un puits creusé dans un banc de sable ou de gravier environné de terrains qui le dominent, terrains qui fournissent une certaine quantité d'eau dans ce banc de sable et de là dans le puits ; si, en filtrant à travers une grande étendue de ces terrains supérieurs, l'eau est devenue parfaitement limpide avant d'arriver au banc de sable, il est évident que, dans cette supposition, dans tout le rayon où gît le banc de sable, l'eau qui le parcourra aura un écoulement uniforme et donnera un produit constant, puisque, parfaitement pure avant de pénétrer dans le banc de sable, elle n'y peut déposer aucun sédiment qui occasionne avec le temps des obstructions. Mais supposons qu'elle soit trouble avant qu'elle entre dans le banc de sable. La source ou l'écoulement de l'eau dans le puits diminuera graduellement alors, car l'eau qui passe à travers le banc de sable ne peut se clarifier qu'en s'y dépouillant de ses impuretés, et celles-ci doivent, avec le temps, boucher les interstices qui existent entre les particules de sable et rendre à la fin tout le banc imperméable à l'eau ; le même résultat aura lieu, que le banc de sable soit naturel ou artificiel. » (Lettre de Robert Thom à sir Shaw Stewart, *Annales des ponts et chaussées*, 1831, premier semestre, p. 222.)

A Toulouse, on a profité de la présence d'un banc de sable et de gravier qui longe la Garonne et qui est le résultat d'un léger déplacement du lit de cette rivière, déplacement qui remonte à un peu

4

plus d'un demi-siècle. On a ouvert dans ce banc d'alluvion successivement trois fossés. L'eau de la Garonne s'infiltre dans le sol, et le résultat de cette infiltration vient se réunir au fond des trois fossés qui l'amènent sous la bâche de la machine hydraulique. La quantité d'eau obtenue ainsi est suffisante jusqu'à présent. Quant à sa qualité, voici comment s'exprime M. d'Aubuisson des Voisins, l'habile créateur de l'œuvre : « L'eau, dit-il, en est parfaitement bonne et limpide tant que la Garonne demeure dans son lit ; mais dans les crues, lorsqu'elle déborde et qu'elle recouvre le terrain sous lequel sont les excavations, les eaux en sortent un peu louches.

« En temps ordinaire, le seul reproche qu'on puisse faire à ces filtres, c'est de n'être pas entièrement exempts dans leur intérieur d'une végétation souterraine. Les brins de bissus qui s'en détachent sont souvent portés par les eaux jusqu'à la cuvette du Château-d'Eau, où il faut employer des toiles métalliques pour les retenir.

« Mais si, par malheur, ajoute M. d'Aubuisson, ce banc de sable (dans lequel les filons sont creusés) nous était enlevé, si les petits canaux afférents contenus dans cette masse sablonneuse, et qui, en retenant les matières terreuses, cause de la saleté de l'eau, la livrent entièrement pure, venaient à s'obstruer, alors nous aurions recours à une clarification artificielle. » (*Histoire de l'établissement des fontaines à Toulouse*, par M. d'Aubuisson des Voisins. Paris, 1839.)

Ainsi l'eau de Toulouse n'est pas irréprochable. Quant à sa qualité, elle est altérée par un goût de vase (expression de M. d'Aubuisson) et par des débris végétaux tachés de rouille (page 28). Sous le rapport de la quantité, il est vrai, depuis le temps que les tranchées fonctionnent, on ne s'est pas aperçu qu'il y ait eu une diminution notable dans leur produit. Mais cela tient évidemment, d'abord, à ce que quand, pour une population de 50,000 âmes, on se ménage une provision quintuple des vrais besoins, c'est-à-dire 250 pouces, en comptant 1 pouce pour 1,000 âmes, il faut longtemps pour atteindre la limite de nécessité première, au delà de laquelle seulement il y a souffrance et, par conséquent, signal certain de diminution. Ensuite un jaugeage rigoureux pourrait seul donner la véritable mesure de l'encrassement des matières filtrantes et de l'engorgement des tuyaux capillaires. En réalité, les produits ont diminué plus qu'on ne pense, cela est évident; car, comme on l'a très-bien remarqué, la condition de l'eau est améliorée, elle est plus limpide maintenant que dans le principe. Or, en fait de filtrage, tous les praticiens le savent, cette amélioration dans la qualité du produit ne peut s'obtenir qu'aux dépens de sa quantité, puisqu'elle est due uniquement à la diminution du calibre des tuyaux capillaires filtrants. Cette circonstance, dont on se félicite, n'est pas aussi avantageuse qu'elle semble au premier abord, puisqu'en définitive elle indique, pour un temps plus ou moins rapproché, la nécessité d'aviser aux moyens de rétablir un équilibre qui ira toujours en s'affaiblissant jusqu'à ce qu'il soit complétement anéanti.

Au surplus, il est évident qu'on ne pouvait tirer un parti plus avantageux des ressources fournies par la localité, et du dépôt précieux de sable et de gravier que la Garonne avait si heureusement mis ainsi à la disposition des ingénieurs de Toulouse, et il faut féliciter M. d'Aubuisson de l'heureux emploi qu'il en a su faire.

L'établissement de Lyon est dans les mêmes conditions que celui de Toulouse, et leur histoire sera la même; si ce n'est que, l'eau du Rhône étant plus trouble que celle de la Garonne, l'obstruction des galeries filtrantes, s'opérant plus promptement, exigera leur prolongement, dans un temps plus prochain, ou leur remplacement par d'autres moyens.

Or les eaux du Rhône sont régulièrement troubles pendant six mois de l'année, par le fait des eaux de l'Arve, qui se précipite des flancs du mont Blanc, pendant les grandes chaleurs. Et des expériences faites pendant les crues démontrent que la quantité des matières troublantes, qu'elles contiennent par litre d'eau n'est pas moindre de huit centièmes, 80 grammes par 1,000 grammes.

De tout ceci je ne veux tirer qu'une seule conclusion : c'est que le problème du *filtrage en grand des eaux publiques* est réellement insoluble, et qu'ainsi posée la clarification de l'eau doit être rangée dans le domaine des choses impossibles. Comme tout est réglé dans la nature et que chaque chose y existe avec ses conditions, que la puissance de l'homme est limitée, il en résulte que ce domaine des choses impossibles est plus grand qu'on ne pense, et qu'il ne comprend pas seulement le *mouvement perpétuel*, la *quadrature du cercle*, et les *projets de langue universelle*. C'est faute de savoir reconnaître les limites de ce domaine, que tant d'esprits, tant de savants même font fausse route, qu'ils s'obstinent de bonne foi dans des recherches qui tendent à franchir ces limites, et qu'ils courent ainsi à la poursuite de la femme en queue de poisson, *formosa supernè*.

Mais alors que deviennent les pauvres ? Faut-il les condamner à recevoir l'eau telle que le fleuve la donne, c'est-à-dire sans la filtrer ? A Dieu ne plaise ! Pour eux comme pour tout le monde, il faut renverser les données du problème. Au lieu de s'acharner en vain à filtrer l'eau en grand ; comme, en définitive, il faut la distribuer en détail, en attaquant la difficulté, commencez par la diviser, et vous êtes sûr de la vaincre.

C'est la fable du Vieillard et de ses enfants :

« Voyez si vous romprez ces dards liés ensemble
« . . . .
« . . . . le faisceau résista ;
« De ces dards joints ensemble un seul ne s'éclata.
« Faibles gens, dit le père, il faut que je vous montre
« Ce que ma force peut en semblable rencontre.
« On crut qu'il se moquait ; on sourit, mais à tort :
« Il sépare les dards et les rompt sans effort. »

C'est d'ailleurs ainsi que chacun agit, et dans Paris il n'y a pas de ménage pauvre, ou riche, qui, en aucun temps, boive l'eau telle que le fleuve la donne.

Mais on comprend qu'il serait plus avantageux pour tout le monde qu'il y eût dans chaque maison, à la disposition de tous les locataires sans exception, comme à Glascow et à Paisley, un robinet d'eau claire qui n'eût pas besoin pour couler de l'office du porteur d'eau.

Or rien n'est moins difficile et plus praticable : l'eau arrivant à la hauteur des maisons, il suffit de disposer dans toutes un bassin alimentaire situé sous les combles, et dominant le reste de l'édifice qu'il aura ainsi, de plus, pour effet d'assurer contre l'incendie. On branche sur ce bassin un tuyau, qui vient correspondre à un filtre à pression situé au rez-de-chaussée. Ce filtre débite l'eau nécessaire à la consommation de tous les locataires, pour la boisson de chacun, pour les besoins de la cuisine et les soins personnels de propreté.

Un filtre à pression, toujours en charge, mais qui ne fonctionne pas d'une manière continue, dont on ne retire l'eau qu'au fur et à mesure des besoins et par intervalle, un pareil filtre fait aussi l'office d'un réservoir de dépôt pendant les heures où il est inactif, et le liquide y devient facilement cristallin. L'eau en sort avec une limpidité aussi grande que celle que l'on a l'habitude d'attribuer à l'eau de roche.

Dans des filtres ainsi disposés, et pour un usage intermittent, la matière filtrante n'a pas besoin, pour remplir son office, du concours préalable des éponges; on peut rester fidèle au principe dans toute sa rigueur, et n'admettre dans la composition de la chambre filtrante que des substances parfaitement inertes.

Telle est la vraie et telle est aussi la seule manière de résoudre complétement et économiquement le problème de la clarification des *eaux publiques*. Il exige, il est vrai, le concours des propriétaires des maisons et les oblige à une dépense d'appareil ; mais, cette dépense est relativement modique, elle améliore la condition de leurs locations et rend le prix qu'ils en peuvent prétendre plus justifiable et plus légitime. Ils comprendront d'ailleurs combien il est important pour leurs propriétés d'avoir constamment sous la main un moyen prompt et efficace d'arrêter et d'éteindre les incendies. Et en ne considérant que ce dernier point de vue, comment s'y refuseraient-ils ? Les incendies n'intéressent pas seulement celui qui les subit, ils mettent en péril la sûreté publique : n'y a-t-il pas là une raison d'ordre supérieur qui autorise l'édilité à émettre toute sorte d'avis et d'injonctions sur cette matière ?

J'en viens maintenant à la température. Pour démontrer comment cette question peut se résoudre avec simplicité, je dois exposer brièvement ce qui se passe ailleurs.

La ville de Venise s'alimente par les eaux du ciel, et, quand celles-ci viennent à manquer, par les eaux de la Brenta, qu'on va chercher dans des barques au delà de la lagune. Ces eaux sont emmagasinées dans des citernes qui sont des réservoirs-filtres dans lesquels elles acquièrent non-seulement de la limpidité, mais aussi une température agréable en tout temps.

Il y a ainsi dans Venise 177 citernes publiques, 1,900 citernes privées ; presque chaque maison a la sienne ; le fond de ces citernes ne descend pas à plus de trois mètres au-dessous du rez-de-chaussée, et cela suffit pour que l'eau s'y équilibre en peu de temps avec la température du sol qui, à Venise comme à Paris, est de 8 à 9 degrés, c'est-à-dire la température qu'on rencontre en tout temps et qu'on trouve si agréable dans les eaux de source.

Ce fait de la température de l'eau s'équilibrant presque immédiatement avec celle du terrain dans les citernes de Venise est d'autant plus significatif, que l'eau venue de la pluie ou de la rivière est toujours à une température élevée. Et, en effet, l'eau de pluie n'arrive au sol qu'après avoir été mise en contact avec les tuiles des maisons échauffées par un soleil dont les rayons cessent de briller seulement pendant de très-courts orages. Quant à l'eau de la Brenta, elle est apportée dans des barques non pontées, où rien n'est disposé pour la mettre à l'abri de ces mêmes rayons, pendant un trajet de plus de 4 kilomètres pour traverser la lagune, des Moranzani, au-dessus de Fusine où elles vont se remplir, jusqu'à Venise où il faut les amener (E).

Il y a dans ce fait un enseignement que l'on peut mettre à profit pour le bien-être de la population parisienne. La température constante des caves de Paris est de 8 à 9 degrés : il est facile de concevoir une disposition d'appareil applicable à toutes les maisons, en vertu de laquelle l'eau du filtre à pression irait équilibrer sa température avec celle des caves. C'est là sans aucun doute une idée neuve et éminemment pratique : elle permettrait d'avoir dans chaque maison de Paris une source constante d'eau claire et fraîche, quels que pussent être d'ailleurs la température et l'état plus ou moins trouble du fleuve auquel cette source devra son unique origine.

IV

C'est le prix de revient qui règle le bon marché.

Pour avoir ce prix de revient dans la question présente, il faut considérer : 1° la valeur des établissements hydrauliques existants, lesquels comprennent les machines élévatoires et le réseau actuel de distribution ; 2° le complément de ce réseau de distribution et son adaptation au nouveau système ; 3° enfin, le nouveau système lui-même. La somme nécessaire pour ces trois chapitres constitue le capital de fondation.

Mais il y a un second ordre de dépenses qui vient accroître ce capital : c'est la décoration et le caractère monumental que doivent revêtir, dans leurs parties apparentes, les œuvres d'utilité publique dans les grandes cités, surtout dans une capitale que les progrès de la civilisation ont constituée le centre du monde. Et parmi ces décorations, sans doute, il faut comprendre, comme la principale, celle qui s'appliquera au point de départ des eaux, au château-d'eau, au principe de l'aqueduc (F).

Tels sont les éléments du capital de fondation.

Des devis, dans la discussion desquels ce n'est pas ici le lieu d'entrer, portent ce capital à 35,000,000 au maximum.

L'intérêt de ce capital, l'entretien des travaux, l'usure des machines, les frais d'exploitation et d'administration, largement comptés, exigent en moyenne une dépense annuelle de 3,500,000 fr.

Cette dépense annuelle est la base du prix de revient.

Ainsi, avec 3,500,000 fr. de dépense annuelle, on élève à la hauteur des derniers étages de toutes les maisons, et l'on met à la disposition de 2,000,000 d'habitants 40 litres d'eau par tête, ce qui donne par jour 80,000 mètres cubes d'eau, et par an 29,200,000 mètres cubes. Je ne parle que du service privé, de la partie de l'œuvre sur laquelle doit être basé le rendement. Dans ces limites, le prix de revient du mètre cube serait inférieur à 0 fr. 16,1. Supposez que l'édilité en fasse son affaire, comme cela a eu lieu jusqu'à ce jour; il n'est pas dans l'usage et les règles d'une administration paternelle de faire œuvre de commerce et de marchandise avec les citoyens, l'édilité ne pourra pas demander plus de 17 c. par mètre cube d'eau portée par elle jusque devant le seuil de toutes les maisons.

Mais pour que ce moindre prix soit acquis aux citoyens, il ne faut pas perdre de vue ceci, savoir : qu'il dépend absolument de l'adoption du système par tout le monde, et qu'il faut que toutes les maisons soient servies et payent la redevance sur le même pied, à tant par mètre cube. Jusque-là le prix de vente, pour être mis en rapport avec le prix de revient, devra s'élever en raison inverse du nombre des maisons desservies, c'est-à-dire de l'eau vendue. Si, par exemple, la moitié seule de la population prend l'eau de la ville, ce n'est plus 17 centimes le mètre cube que l'édilité pourra la vendre, c'est 34 centimes; c'est 68 centimes s'il n'y en a que le quart, et enfin c'est 1 fr. 70 c. qu'il faudra la payer, s'il n'y en a qu'un dixième. Avec ce dernier chiffre, les abonnés payeraient leur eau 1 centime et 7 dixièmes pour 10 litres, soit, pour 100 litres, 0 fr. 17 c.

A la vérité, c'est un prix inférieur à celui du porteur d'eau, à qui on paye 10 centimes pour 20 litres, quand il fait bonne mesure, c'est-à-dire quand les seaux contiennent réellement 10 litres chacun et qu'il a soin de les remplir jusqu'à la marque.

En l'état des choses, je crois qu'il est difficile à la Ville de se rendre un compte exact de ce qu'elle paye. En consultant son budget pour l'année 1859, je trouve :

Au chapitre vi des recettes, deux articles ainsi conçus :

1° Fourniture d'eau par abonnement et sur attachements. .   1,350,000 fr.
2° Vente dans les fontaines marchandes   390,000

                    Total du chapitre vi . . . . . .   1,740,000 fr.

Au chapitre iii des dépenses, trois articles :

Pour traitement, matériel et frais d'exploitation des fontaines, pompes à feu et autres établissements hydrauliques, ensemble..   474,060 fr.

D'où il suit que la recette nette ou le bénéfice que la ville de Paris fait sur les eaux s'élève à. . .' . . . .   1,265,950 fr.

Mais à quel capital de fondation répond un pareil revenu? En d'autres termes, quelle est la somme que la Ville a dépensée pour arriver à vendre pour 1,740,000 fr. d'eau aux maisons et aux particuliers? Car, pour la comptabilité régulière de l'opération, il faut joindre l'intérêt de ce capital inconnu aux 474,060 fr. de dépenses annuelles, si l'on veut avoir un prix normal.

Le premier des trois articles du chapitre iii des dépenses contient une indication des remises faites aux agents du service des eaux et des fontaines marchandes. L'indication n'est pas heureuse, pas plus que l'objet auquel elle s'applique. Les errements du commerce, tels que la discussion des prix, les remises, les commissions, les escomptes, sont bons pour le commerçant qui élève, abaisse ou maintient ses prix, selon les chances qu'il subit ou qu'il craint dans ses opérations. Le respect que l'autorité doit avoir pour elle-même, et qu'elle doit inspirer, non imposer, exige que ses déterminations soient des règles invariables, et qu'il ne soit donné à personne d'en rien diminuer ou d'en rien retrancher, dans quelques limites et dans quelque circonstance que ce soit.

Du reste, il y a comme un reflet de ce sentiment dans le second Mémoire sur les eaux de Paris, adressé au conseil municipal par M. le Préfet de la Seine. On y lit qu'en faisant intervenir dans une certaine mesure

5

une Compagnie d'exploitation, la Ville *se dégage de tout contact avec le consommateur;* et c'est là une expression heureuse qui classe chacun à son rang, sans offenser qui que ce soit et sans amoindrir la dignité de personne.

Mais une pareille réflexion ouvre la porte à des combinaisons en dehors du cercle de l'action administrative; elle semble appeler un concours extérieur, dont il n'est pas hors de propos d'apprécier les éléments véritables et la nature.

Laissant de côté des *projets fantastiques,* M. le Préfet, dans son second Mémoire, a émis l'éventualité d'un choix entre trois systèmes qui lui ont été proposés.

Premier système. Substitution pure et simple, pendant un temps déterminé, d'une Compagnie à l'administration municipale, pour tout le service des eaux, soit public, soit privé.

Deuxième système. Partage du service entre une Compagnie et la Ville.

Troisième système. Concours d'une Compagnie achetant en masse à la Ville un volume minimum d'eau pour la revendre aux particuliers, à un taux convenu d'avance.

Le premier système et le second ont été repoussés par des raisons dont quelques-unes sont majeures.

Le troisième système a paru admissible, par cette raison que le concours de la Compagnie serait purement commercial, et que, selon l'heureuse expression déjà citée, la Compagnie d'exploitation *dégagerait la Ville de tout contact avec le consommateur.*

Mais on ne peut s'empêcher de faire observer que la difficulté n'est pas résolue, qu'elle n'est que reculée, que la Ville reste marchande; que la Compagnie n'est qu'un intermédiaire payé sous une forme convenue, qui vient par son concours augmenter le prix de revient de l'eau au détriment des administrés.

Au surplus, le point de départ de l'un et de l'autre des trois systèmes agités est le projet de dérivation des sources. Si des idées plus salutaires déterminent l'édilité à faire la prise d'eau en Seine, où l'eau ne manquera jamais avec toutes les conditions de salubrité que réclame la santé publique, d'autres combinaisons peuvent être proposées et admises, s'il est démontré surtout qu'aucun intérêt n'est sacrifié, que tous sont sauvegardés, ceux des citoyens comme ceux de la cité, et que les droits acquis n'ont à supporter aucun dommage.

Ainsi, par exemple, qu'une Compagnie se présente à l'édilité avec un projet répondant à toutes les exigences :

L'eau serait la plus salubre ;

La source en serait permanente ;

La quantité amenée à distribution serait élastique et pourrait être maintenue en rapport avec l'accroissement de la population ;

Les conditions de limpidité et de température seraient satisfaites ;

Enfin le prix serait des plus modiques.

Dans une pareille occurrence, il serait permis de se demander s'il y a un parti pris possible qui domine la question à ce point de faire repousser un projet semblable et refuser son adoption après impartial examen.

En terminant sur ce sujet, je ne puis m'empêcher de consigner ici une réflexion. On s'exagère les avantages de la liberté et ses privilèges, lorsqu'on suppose que, dans une matière qui intéresse à un si haut degré la santé et la sécurité publiques, on doit se faire un scrupule d'apporter, de ce côté-là, à la liberté quelque restriction. L'abonnement aux eaux de la Ville, comme il a été dit précédemment, peut, sans danger, n'être point facultatif pour les propriétaires des maisons devant lesquelles le réseau de distribution pousse ses artères. Il ne peut y avoir là aucun péril ; au contraire, la distribution de l'eau à tous les étages est une sauvegarde contre le feu ; et, si l'on veut bien y réfléchir, c'est là aussi le vrai, le seul et unique moyen de mettre l'eau au plus bas prix, à la disposition du plus pauvre locataire.

RÉSUMÉ

Tout ce qui précède est relatif aux eaux publiques de Paris. Mais les principes établis sont conformes à la nature des choses, et, par conséquent, ils sont applicables en tout lieu. Il ne sera pas inutile de les résumer.

Lorsqu'une ville a le choix, elle doit donner la préférence au fleuve qui lui garantit la salubrité et l'abondance. L'eau du fleuve est toujours plus aérée, et par conséquent plus légère que l'eau de la source la plus pure; et, si la population augmente, le fleuve fournit le moyen d'augmenter aussi la provision.

Lorsqu'on n'a pas de fleuve, il faut bien recourir aux sources ou utiliser l'eau de la pluie. Mais il ne faut pas oublier que l'eau des sources est entachée d'un vice originel, le défaut d'aérage, et il faut prendre quelques précautions pour le corriger. On ne devrait pas couvrir les bassins dans lesquels on recueille l'eau; et, autant que le permettent le relief du terrain et la distance, il faudrait la laisser circuler à l'air libre jusqu'au réservoir principal, d'où partent les distributions. La pratique contraire est fondée sur un préjugé. En circulant à l'air libre, l'eau perd sa température initiale, et des corpuscules étrangers viennent troubler sa transparence. Cela déplaît; mais la chose est très-certainement sans importance; elle est beaucoup moins à considérer, elle est bien moins nuisible que le manque d'air, la privation d'oxygène, *pabulum vitæ*, que l'eau est condamnée à subir, quand on la conduit exclusivement dans des canaux fermés. D'ailleurs, une eau légère se clarifie par le dépôt, et sa température s'équilibre avec les températures ambiantes plus aisément que toute autre. On ne boit nulle part d'eau plus limpide et plus fraîche qu'en Égypte, où on la puise dans le Nil par une température de 25 degrés.

Mais dans bien des localités les sources livrent leur eau au fond d'un puits. Il faut bien se garder alors de couvrir l'ouverture de celui-ci, et d'en puiser l'eau avec une pompe : il faut user de la corde et du seau.

L'air contenu dans l'eau est plus oxygéné que celui de l'atmosphère : l'eau a donc une grande affinité pour l'oxygène (G). On ne saurait trop insister sur un fait aussi capital. Qu'arrive-t-il quand on la puise avec une pompe dans un puits couvert? L'eau se renouvelle sous les aspirations tranquilles de la pompe, mais l'air qui lui est superposé ne se renouvelle pas. L'air contenu dans le puits se dépouille de plus en plus de son oxygène, et cet oxygène n'est pas remplacé. Ne cherchez pas d'autre origine à l'*odeur de renfermé* qui se remarque dans l'atmosphère putéale, odeur particulière et caractéristique de tout lieu clos et inaccessible au renouvellement de l'air.

Le meilleur procédé pour recueillir l'eau de la pluie, c'est la citerne vénitienne. La propagation de ce mode de conservation de l'eau du ciel devra être l'objet des encouragements et des prescriptions des conseils d'hygiène et de salubrité pour toutes les localités où les eaux de source ou de rivière font défaut. Mais, même dans la citerne, il faut puiser l'eau à l'aide du seau et de la corde; et à ce propos je citerai la maxime que j'ai recueillie à Vérone : *l'aqua migliore è l'aqua battuta* (l'eau battue est la meilleure). Pour remplir le seau il faut l'agiter au fond du puits, l'agitation aère l'eau et lui permet de se saturer d'oxygène; la théorie explique et confirme une vérité mise en lumière par l'expérience.

Il y a dans le monde deux villes où, de nos jours, on a su embrasser la question des eaux publiques dans toute sa grandeur : ces deux villes sont Marseille et New-York.

A Lyon et à Vienne, sur le Rhône et le Danube, en présence de populations considérables à desservir, on a imité Toulouse, où des conditions testamentaires gênèrent l'ingénieur, et des habitants relativement peu nombreux semblèrent lui permettre de rester dans les limites étroites où il s'est renfermé. Quand M. d'Aubuisson a exécuté sa distribution, Toulouse en effet comptait seulement 50,000 âmes : c'était en 1817.

Aujourd'hui elle en a près du double; la provision calculée par tête est donc déjà réduite à moitié. Que sera-ce dans quelques années, avec les besoins toujours croissants de l'industrie? Les galeries filtrantes de Toulouse seront donc bientôt insuffisantes; et, avec un esprit plus large et plus prévoyant, à Lyon et à Vienne on n'eût pas songé à les imiter.

A Marseille, on a dérivé la Durance, et l'on ne s'est pas arrêté à considérer que cette eau de fleuve amenée de si loin n'arriverait pas fraîche et limpide. L'habitant ne s'en plaint pas, il sait comment on la rafraîchit et comment on la clarifie; il jouit de ses qualités excellentes et il en reçoit tant qu'il veut.

A New-York on est allé chercher l'eau du Croton, qui ne manquera jamais, et la quantité amenée n'est pas moindre de 400 litres par tête. Or New-York a 400,000 âmes, et quand sa population s'élèvera à 2 millions, la provision sera encore suffisante.

C'est sur de semblables proportions qu'il faut concevoir les distributions d'eaux publiques. L'on comprend que l'esprit s'exalte en présence de telles œuvres quand il s'agit de cités populeuses, et l'on ne s'étonne pas que leurs fondateurs soient jaloux d'en faire ressortir la grandeur en leur donnant un caractère monumental. C'est ainsi qu'à Marseille, sans que la chose fût indispensable, M. de Montricher a traversé le ravin de Roquefavour au moyen d'un *pont du Gard,* mais un *pont du Gard* établi sur des proportions immenses.

A Paris, l'œuvre se prête à un genre de magnificence tout nouveau et d'autant plus justifié, qu'il naîtra du sujet même. On est obligé d'élever l'eau dans les tuyaux jusqu'à 57 mètres d'altitude : il est naturel d'utiliser cette force d'ascension pour accroître l'apparat de nos solennités publiques. On fait jaillir l'eau à de grandes hauteurs, et on prend pour base du monument exclusivement hydraulique où elle a son point de départ le pont qui doit livrer passage à la conduite transversale nécessaire pour alimenter la ville sur l'une et l'autre rive de la Seine.

EAUX DE PARIS
Projet de distribution générale
Par Gabriel Gricourt, de Caux.

PONT AQUEDUC DE LA MONNAIE.
(Eaux jaillissantes.)

Imp Lemercier Paris.

Dairaas inv. Ph Benoist et boy Ciceri lith.

NOTES.

NOTE A.

Page 6. *Un défenseur du projet de dérivation des sources* . . . .

EXAMEN DU PROJET SPÉCIAL DE DÉVIATION DES SOURCES.

M. Belgrand a été chargé, en 1854 et en 1855, par M. le Préfet de la Seine, de faire l'étude complète des sources du bassin de la Seine. A la suite de cette étude, il a proposé de dériver sur Paris, au moyen d'un aqueduc :

1° Les sources de la Somme et de la Soude, près de Conflans, en Champagne, qui donnent ensemble 800 litres d'eau par seconde, soit par 24 heures. 69,020 m. cub.

2° Les sources de la Dhuis, près de Château-Thierry, 260 litres,
soit 22,464

3° Les sources du Sourdon, près d'Epernay, 100 litres, soit. . . 8,640

En tout. . . . . 90,000 m. cub.

Je tire ces chiffres d'un Mémoire lu par M. Belgrand à la Société météorologique de France (séance du 8 janvier 1856) : on en a donné ailleurs de beaucoup plus élevés, en ce qui concerne la Dhuis et le Sourdon.

Le projet de M. Belgrand a été exposé dans deux Mémoires présentés par M. le Préfet de la Seine au Conseil municipal (le 4 août 1854 et le 16 juillet 1858); il a été mentionné et approuvé dans un rapport fait au conseil municipal de Paris, au nom de la Commission des eaux, par M. Dumas, président du Conseil, dans la séance du 18 mars 1859.

L'ingénieur en chef du département de la Marne, M. E. Dugué, a été chargé d'examiner le projet de M. Belgrand, et le résultat de son examen est consigné dans un rapport fait au Conseil général de la Marne. L'analyse qui suit est un résumé exact et impartial des écrits que je viens de mentionner.

Le projet d'aqueduc a été étudié à la suite d'un vote du conseil municipal de Paris. Mais, dans l'intervalle, le Conseil général de la Marne a vivement réclamé; si bien que la ville de Paris aurait renoncé à prendre les eaux de Somme-Soude, qui sont une richesse pour le pays, et l'on se bornerait maintenant à conduire spécialement celles de la Dhuis et du Sourdon : c'est-à-dire 30,000 mètres cubes au lieu de 90,000.

Dans les détails financiers soumis au Conseil municipal avant le vote qui autorise une nouvelle émission d'obligations de la Ville, M. le Préfet de la Seine a parlé d'une somme de 14 millions nécessaire pour l'exécution d'un *projet spécial de dérivation d'eaux de source* conservant 108 mètres d'altitude au point d'arrivée. (Voir le *Moniteur universel* du 22 juillet 1860, qui contient le texte du Mémoire de M. le Préfet présenté au Conseil municipal le 15 juin précédent). Or, parmi les sources indiquées par M. Belgrand pour être dérivées, il n'y a que le Sourdon et la Dhuis qui permettent de compter sur cette altitude. Les besoins sont de 100,000 mètres cubes, ce n'est pas sur le débit des sources actuelles que l'on compte en définitive, mais sur celui que l'on espère obtenir d'un puissant drainage de la localité.

D'après la théorie de M. Belgrand, au point de vue hydrologique, au point de vue des eaux qu'il contient ou qu'il reçoit, le bassin de la Seine se divise en deux catégories de terrains : il y a les terrains perméables et les terrains imperméables. L'eau pluviale traverse les terrains perméables qui la filtrent, tandis que les terrains imperméables la retiennent et deviennent ainsi le réceptacle de nappes considérables, formant sous le sol d'immenses et inépuisables réservoirs. Quand ces nappes rencontrent de brusques et profondes vallées découpant la masse du terrain perméable qui leur est supérieur, il en jaillit des sources pleines de force, dont nulle sécheresse n'arrête le flot toujours égal.

Telle est la théorie de M. Belgrand. « Le bassin de la Seine, dit-il, contient quatre « grands niveaux d'eau soutenus par des terrains imperméables. » (Bulletin de la Société météorologique de France, séance du 2 janvier 1856, page 28.)

Ailleurs, on a traduit cette théorie de la manière suivante. Qu'on se figure un bassin formé de couches superposées de terrains perméables et de terrains imperméables. Chaque terrain se relève sur les bords et forme un vase. Ces vases sont concentriques; ils sont placés l'un dans l'autre. Le dernier est rempli par les couches les plus récentes, et Paris est au milieu. Qu'arrive-t-il des eaux qui tombent dans un pareil bassin? Elles traversent les couches perméables, elles viennent se rassembler entre celles qui ne le sont pas, elles en remplissent la masse, elles y créent de grands réservoirs.

Guidé par cette théorie des grands réservoirs, M. Belgrand a poursuivi l'étude de la constitution hydrologique du bassin de la Seine jusque dans les plaines de la Champagne. Il a trouvé là un terrain perméable recouvrant un terrain imperméable; il a trouvé aussi des sources dans ces terrains, et il a dit : Un grand réservoir est là. Puis, considérant que ce réservoir était supérieur au niveau de Paris, et que l'eau supposée pouvait y arriver par sa propre pente, il a tiré une ligne horizontale de Paris au grand réservoir, et il a tracé à l'eau sa route, selon l'art, à travers les vallées, les montagnes et les rivières, à l'aide de ponts et de tunnels, avec des arcades et des syhhons.

D'après ce simple et littéral exposé, il est aisé de le voir, dans le projet de M. Belgrand, il y a deux parties distinctes, qu'il faut bien se garder de confondre : il y a la partie qui a trait à la recherche de l'eau, à la découverte du grand réservoir; et il y a la partie qui constitue l'œuvre d'art nécessaire pour percer ce grand réservoir et pour en conduire l'eau sur Paris.

Cette dernière partie est seule positive. L'autre est complétement hypothétique; elle repose sur des aperçus, sur des inductions tirées des faits de géologie qui peuvent conduire à des solutions différentes selon qu'ils sont bien ou mal interprétés.

Cependant, quand M. Belgrand a exposé son projet, on a confondu dans l'approbation et la partie positive et la partie hypothétique, et c'est justement la partie où l'imagination a la plus grande part qui a reçu les plus grands éloges et entraîné l'admiration. Les uns ont dit : « La géologie divulgue les secrets de la baguette de coudrier » ; d'autres renchérissant, dans un accès d'enthousiasme lyrique, ont appelé M. Belgrand « le Moïse des temps modernes. »

M. l'ingénieur en chef Dugué commence par constater que l'existence de nappes d'eau continues, formant des lacs inépuisables au-dessous du sol aride de la Champagne, à la hauteur indiquée au mémoire de M. le préfet de la Seine, ne repose que sur des présomptions (page 10 et suivantes); il accumule les citations pour faire voir, *ipsissimis verbis*, que les partisans du projet de M. Belgrand, tout en reconnaissant qu'il ne s'agit que d'une hypothèse qu'ils ne démontrent pas, qu'ils ne cherchent pas à démontrer, n'en raisonnent pas moins comme s'il s'agissait d'une vérité de fait placée en dehors de toute contestation, passée à l'état de chose jugée, complétement acquise et universellement consentie : sophisme dangereux, et pour ceux qui l'emploient et pour ceux auxquels ils s'adressent, car il pervertit le jugement des uns et des autres.

M. Dugué démontre ensuite (*Rapport*, page 18 et suiv.) que l'existence des lacs et réservoirs inépuisables est inconciliable avec les lois les plus élémentaires de la physique, et par conséquent avec les faits observés. En Champagne, le moindre travail, le moindre curage suffit pour faire disparaître les sources. « Cet état de choses se représente si souvent, dit-il, lors du curage des rivières de Champagne, que nous n'aurions que l'embarras du choix des citations; nous préférons mentionner un fait constaté au camp, par les officiers du génie militaire. En 1857, on voulait faire camper la cavalerie sur les deux rives du ruisseau de Clairfonds, affluent de la Vesle. Dans le but d'augmenter le volume des eaux de ce ruisseau, les officiers du génie militaire furent amenés, sur les assertions de quelques habitants, à faire curer la source et une partie du lit. Malgré

6

toutes les précautions qui ont été prises, la source et une grande partie du ruisseau ont disparu. (*Rapport*, p. 25.)

Le rapport de M. Dugué est du 10 juillet 1859. Huit jours après, dans une NOTE, portant la date du 17 du même mois ; il revient sur le fait ci-dessus : « Dans quelques conditions que se trouve un puits, dans les terrains de la Champagne, dit-il, il est toujours facile de le mettre à sec ; l'eau n'y arrive plus que très-lentement. » Et là-dessus, il cite une lettre de M. Veynand, capitaine commandant le génie militaire au camp de Châlons, auquel il avait communiqué le Rapport et la Note.

« Ce que vous dites, lui écrit M. le capitaine Veynand, est parfaitement d'accord
« avec les observations que je fais depuis trois ans : je n'ai jamais trouvé de nappe
« d'eau inépuisable, et aujourd'hui même (28 juillet 1859) je prescris d'épuiser un puits
« qui a 13 mètres de hauteur d'eau et dont le fond est en contre-bas du lit du Cheneu ;
« on arrivera dans une journée à pouvoir travailler à sec au fond de ce puits. » (NOTE, page 12.)

« Tout le monde sait, ajoute enfin M. Dugué, que les galeries souterraines tentées au camp de Châlons ont complétement échoué... que ces tranchées qui, dans le commencement, avaient donné un peu d'eau, n'en fournissaient pas dès les premiers jours de mai, avant la réunion du camp, qui n'a pu être approvisionné qu'au moyen de puits creusés dans la vallée. » (NOTE, page 16.)

Il faut une certaine contention d'esprit pour rattacher à la théorie des sources, imaginée par M. Belgrand, l'ensemble des considérations et des faits de géologie et d'hydrologie sur lesquels il prétend la fonder. Le langage de M. Dugué est infiniment plus simple, et ses explications semblent bien plus naturelles.

« Pour arriver, dit-il, à former un réservoir souterrain, nous avons dit déjà qu'il était indispensable que le fond de ce réservoir et ses bords, jusqu'à une hauteur convenable, fussent sans issue, sous peine de ressembler au tonneau des Danaïdes. Or, tout le monde sait que les bancs de craie, qui forment les terrains de la Champagne, vont en s'inclinant vers l'Ouest, où ils sont coupés par cette immense échancrure qui forme la Manche et le Pas-de-Calais. Il y a donc là une issue d'une vaste étendue, qui probablement est capable de laisser perdre plus d'eau que les bancs de craie n'en retiennent après avoir fourni au débit des sources et des rivières qui coulent à leur surface ; de sorte qu'à l'intérieur de ces bancs, il ne pourrait pas y avoir des masses ou nappes d'eau continues ; mais bien des nappes successives, descendant jusqu'au terrain imperméable, dont elles suivent la pente pour aller ensuite se jeter dans la mer. »

Tout le mémoire si consciencieux et si bien étudié de M. l'ingénieur en chef de la Marne est ainsi consacré à rétablir les faits mal observés, à donner leur signification véritable à ceux qui ont été mal compris. Ce travail mérite une attention sérieuse ; il est tout à fait digne d'être médité par ceux que la question intéresse, principalement par les personnes dont le devoir est de se bien éclairer, afin de maintenir leur esprit dans cet état d'indépendance absolue, indispensable à tout citoyen que la confiance générale ou celle du souverain a investi du mandat de traiter la chose publique. (Voir ce que M. Dugué dit du fait relatif au souterrain de Billy-le-Grand, invoqué dans la discussion (Note, pages 17 à 21),et aussi l'histoire du puits foré dans les caves de M. Jacquesson, ibid., p. 15.)

Au reste, M. Belgrand n'est pas bien sûr de ne s'être pas fait illusion à lui-même et de ne conserver aucun doute sur sa propre théorie. Voici en effet ce que je lis dans une note du bulletin déjà cité (page 45) : « J'ai dit, dans mon mémoire de 1854, qu'on « pourrait peut-être, *par des opérations de drainage* habilement conduites, recueillir « dans les sables de Fontainebleau, des bords de l'Yvette, de l'Orge, de la Rimarde, de « la Renarde, d'assez grandes quantités d'eau... Mais on ne peut baser l'alimentation « d'eau d'une grande ville *sur des opérations de ce genre, qui sont toujours aléa-* « *toires.* »

Les conseils municipaux doivent être fort réservés quand il s'agit de voter des dé - penses pour vérifier des théories fondées par leurs auteurs sur des opérations *toujours aléatoires*.

J'ai été témoin d'un échec éprouvé, en matière analogue, par un conseil municipal. A Venise, la question des eaux publiques était à l'ordre du jour, et l'on s'occupait d'un projet d'aqueduc, quand des amateurs mirent en avant l'idée de puits artésiens. On fit venir un praticien qui assura pertinemment, sur données géologiques, qu'il y avait sous le fond de la lagune un grand réservoir d'eau pure, fraîche et limpide. Le conseil municipal, séduit par le langage fleuri des novateurs, permit et paya plusieurs forages qui donnèrent, pendant quelque temps, une eau douteuse et infiniment suspecte. Ceci se passait dans le courant des années 1847 et 1848. Aujourd'hui Venise en est réduite à ses citernes ; et si, comme toujours, elle a de l'eau pour sa boisson, elle en manque pour son industrie alors naissante, et elle regrette amèrement l'aqueduc.

Il faut aller chercher l'eau à la rivière, c'est-à-dire là où elle est réellement, et celle qui coule dans la Seine est excellente en tout temps. M. Belgrand est bien un peu de cet avis quand il dit (page 29 du mémoire cité), « *que l'eau de Seine est, comme on sait, un TYPE de bonne qualité.* »

M. Dumas ne dit pas de même. Il est vrai qu'il part d'un point de vue sensiblement différent. Il soutient que la responsabilité des magistrats chargés de la haute administration de la cité se sentira hautement soulagée dès qu'il leur sera permis de remplacer les eaux de plus en plus souillées de la Seine par des eaux de source. Selon lui, l'imagination la plus stoïque se déplairait dans l'examen des causes d'infection et d'insalubrité qui envahissent la rivière. « *Ceux qui parlent si haut de la pureté des eaux de la Seine,* « ajoute-t-il, *savent bien qu'on ne les suivra pas sur le terrain d'une discussion pu-* « *blique.* » Ainsi s'exprime M. Dumas.

On peut avoir une opinion différente et la justifier en bons termes, sans offenser personne, pas même le public le plus délicat. Si la Seine est de plus en plus souillée, à qui la faute ? Est-ce donc uniquement à l'accroissement de la population ? N'est-ce pas aux procédés de désinfection vantés par la chimie que nous devons de voir répandre dans les rues et conduire à la rivière des liquides qu'autrefois on transportait à Montfaucon? « ces liquides *dont on croit pouvoir tolérer* l'écoulement dans les ruisseaux, sous la « foi de cette opération préliminaire », a dit M. le préfet dans son premier mémoire sur les eaux de Paris.

Nous faisons ici de la haute hygiène, de la science appliquée. Les conséquences de nos raisonnements ne sont pas pour satisfaire uniquement l'esprit : elles intéressent directement et de très-près la santé de deux millions d'âmes. Quand les savants du conseil de salubrité; quand les savants qui ont l'oreille des magistrats chargés de la haute administration de la cité; quand les savants de l'Académie de médecine, quelquefois consultés, toléraient ces diffusions de liquides dont, selon M. Dumas, on ne saurait, j'ignore pourquoi, parler en public, pensaient-ils que le lit de la Seine en serait souillé, et que les bassins de Chaillot, alimentés par l'eau d'aval, seraient constitués à l'état de foyers d'infection? S'ils le pensaient, ils sont bien coupables d'avoir gardé le silence; s'ils ne le pensaient pas, ils seront bien moins autorisés à le penser désormais, quand les grands égouts collecteurs qui se poursuivent sur les deux rives auront atteint la basse Seine et permis de supprimer, dans le lit de la Seine interne, tous les émonctoires déplaisants.

En 1859, le cri d'alarme de M. Dumas, concernant la pompe de Chaillot et l'eau d'aval, était intempestif : en 1860, il est sans objet. En tout cas, l'exemple était mal choisi pour donner à ce cri une valeur quelconque. Aujourd'hui que la ville de Paris a racheté les distributions d'eau de la banlieue, on peut, sans nuire à personne, dire que telle prise d'eau d'aval devait, en tout temps, donner une eau suspecte, et *l'habile directeur* qui a fourni l'argument ignorait peut-être lui-même que la prise d'eau qui alimente la pompe de Neuilly, plongeant dans un bras assez étroit du fleuve, est en outre dominée par un bateau de blanchisseuses en fonctionnement permanent. Dans les eaux moyennes, la souillure de l'eau par ce fait est peu sensible; dans les eaux basses, on ne peut l'ignorer. La prise d'eau de Chaillot n'est pas dans de semblables conditions : elle est au beau milieu du fleuve, c'est-à-dire en plein courant, à l'endroit où les molécules aqueuses sont le plus divisées par le roulement qui fait échapper dans l'atmosphère les substances gazeuses, et facilite la précipitation des autres vers le fond du lit.

Aussi l'analyse chimique ne dit-elle que des choses insignifiantes quand elle veut comparer l'eau d'aval avec l'eau d'amont; et la population qui boit l'eau des bassins de Chaillot, depuis tant d'années, n'a-t-elle jamais fait entendre la moindre plainte, ni dans les hautes ni dans les basses eaux.

Cette question des prises d'eau me remet en mémoire un fait d'expérience qui est bien concluant. En 1840, on fit à Vienne en Autriche une prise d'eau dans le Danube, pour alimenter un établissement hydraulique fondé en prévision d'une distribution d'eau dans le faubourg Leopoldstadt. Contre mon opinion, cette prise d'eau consista en un simple canal d'amenée qui s'ouvrait dans le fleuve, à peu de distance d'un égout; dans les eaux moyennes, l'influence de l'égout ne se fit sentir en aucune manière. Mais après plusieurs années, le Danube gela, la prise d'eau s'alimenta comme en basses eaux et les plaintes arrivèrent de toutes parts. J'étais à Venise et je n'avais conservé aucune ingérence dans l'établissement hydraulique de Vienne. Pendant un voyage qui me conduisit dans cette capitale, j'allai rendre mes devoirs à M. le comte de Flahaut, alors ambassadeur. Ses chevaux avaient eu des coliques, qu'il attribuait aux eaux de Leopoldstadt, et il avait raison. Mes prévisions ne s'étaient que trop malheureusement vérifiées.

M. Dumas a-t-il jamais élevé la voix pour supplier l'autorité de ne pas augmenter la souillure des eaux de la Seine, sur la foi de procédés chimiques. L'emploi de ces procédés chimiques ne remonte pas si loin pour que M. Dumas puisse échapper à sa part de responsabilité dans ce méfait scientifique, dans ce crime contre la salubrité? Aujourd'hui il tire son principal argument de cette souillure même : pour lui l'eau de la Seine prise en amont du pont d'Ivry n'est déjà plus assez pure; il fait même cette réflexion : « Songeons, dit-il, à ce que sera la Seine dans cent ans avant de lui emprunter ses eaux pour tous nos besoins domestiques. » M. Dumas prouve trop, et c'est ainsi qu'il ne prouve rien.

Consultez les tables de mortalité; la population de la capitale s'accroît tous les ans. Apparemment parmi les causes effectives de cet accroissement il faut bien comprendre une diminution relative du nombre des morts. Et néanmoins, depuis plusieurs années, on semble avoir pris à tâche de souiller de plus en plus l'eau de la Seine, qui constitue depuis si longtemps la boisson pour ainsi dire unique des Parisiens.

Encore une fois, M. Dumas prouve trop. Selon lui, l'eau de la Seine prise en amont, à Ivry, n'est déjà plus assez bonne pour les Parisiens. Et qu'est-elle donc, et que sera-t-elle éternellement pour ceux qui la puisent en aval, pour les populations agglomérées sur les bords du fleuve, lesquelles, comme à Versailles, la tirent de Marly et n'hésitent pas à la boire, quoiqu'elle ait servi à laver tout Paris? populations infortunées, obligées de faire absolument comme les Parisiens eux-mêmes, qui mangent des légumes et des melons développés à l'aide des engrais les plus concentrés et les plus odorants.

Non, la chimie ne connaît pas tous les secrets; pourquoi vouloir nous faire croire qu'elle n'en ignore aucun? Elle ne *créera point la vie* de toutes pièces. Elle ne ravira point le feu du ciel, et Jupiter ne sera pas contraint de livrer au vautour un autre Prométhée.

Non, je le répète, la chimie ne dit pas tout ce qu'on lui fait dire; mais ses zélateurs aventureux ferment les yeux à la lumière et refusent d'écouter les solides leçons que, depuis des siècles, le creuset de l'expérience nous enseigne. Ovide disait, il y a deux mille ans :

> Nec species sua cuique manet, rerumque novatrix
> Ex aliis alias reparat natura figuras,
> Nec perit in tanto quidquam (mihi credite) mundo ;
> Sed variat; faciemque novat.....

Depuis Ovide, les choses n'ont point changé; voilà pourquoi la chimie ne saurait retrouver, même dans la Seine qui passe à Sèvres, aucune trace des égouts dont ses eaux ont reçu les souillures dans Paris : *ex aliis alias.*

NOTE B.

Page 10. . . . *sans qu'il y ait lieu d'accuser désormais aucune répugnance.*

Un bon système d'égouts est la chose la plus importante pour la salubrité de tout centre de population. La ville de Paris n'aura rien à envier, sous ce rapport, à aucune ville, quand ce grand travail sera accompli. Mais il faut que toutes les parties du système rendent bien les services qu'on en attend.

Il est nécessaire surtout que les syphons projetés près du pont de la Concorde, pour faire communiquer le collecteur de la rive gauche avec celui de la rive droite remplissent bien leur office, et que, placés, comme ils seront, à deux mètres au-dessous des basses eaux, il suffise de chasses d'eau pour les dégager de tout immondice et maintenir la liberté de leur jeu. Ce sera, comme dit fort bien M. le préfet de la Seine, le plus grand ouvrage de ce genre qui existe au monde.

Mais si, contre toute prévision, il fallait renoncer aux syphons, on serait bien obligé de chercher au collecteur de la rive gauche un débouché en Seine en aval de Grenelle ou du Gros-Caillou.

M. Dumas a essayé de comparer la Tamise à Londres avec la Seine à Paris, et il a tenté de tirer pour son objet un argument de cette comparaison. La Seine a une pente et un courant que n'a pas la Tamise et les jaugeages sont bien différents. La note suivante, que j'ai communiquée à l'Académie des sciences (*Comptes-rendus*, tom. L, p. 147), montre l'état des choses à Londres et indique le seul remède radical. Ce sont des faits d'expérience que je cite ; et, à ce titre, il n'est pas sans intérêt de le reproduire.

« DE LA CONSTITUTION PHYSIQUE DE LA LAGUNE DE VENISE ET DES MOYENS DE RESTITUER LA TAMISE DANS DES CONDITIONS DE SALUBRITÉ.

« Durant un séjour de plusieurs années à Venise, j'ai recueilli des observations sur la constitution physique de la lagune, et un voyage que je viens de faire à Londres m'a convaincu que mes observations étaient de nature à contribuer puissamment à la solution d'un problème d'hygiène publique qui intéresse au plus haut degré la capitale de l'Angleterre.

« Je viens soumettre ces observations à l'Académie.

« La lagune de Venise est constituée par un bas-fond ; elle est limitée du côté de la mer par une zone très-étroite, le Lido, qui s'étend, des bouches de la Piave aux bouches de l'Adige et du Pô, sur une longueur d'environ 64 kilomètres. Le rivage de la lagune du côté de la terre ferme s'éloigne de la mer de 7, de 10, même de 15 kilomètres. Tout l'espace ainsi compris entre le Lido et la terre ferme est occupé par l'eau salée qui y pénètre par cinq passes étroites, avec le flux et le reflux, s'élevant dans Venise d'un mètre à un mètre et demi à chaque marée, avec un courant d'une certaine énergie.

« L'eau douce n'entre point dans la lagune. Des travaux gigantesques, œuvre de plusieurs siècles, l'en ont totalement exclue. Dans le principe, il n'en était point ainsi. Sept grands fleuves, avec leurs affluents, et vingt cours d'eau plus petits, débouchaient directement dans la lagune et y jetaient les eaux du versant des Alpes, de Cadore, de Bellune, de Feltre, de Trévise, du Vicentin et du Véronais, et même de la Carinthie. Depuis de longs siècles, la lagune de Venise est donc mise à l'abri des influences pernicieuses qui sont, dans tout pays, la conséquence de la stagnation des eaux douces. Cette circonstance contribue certainement de la manière la plus efficace à la salubrité du climat de Venise, dont je ferai connaître l'excellence en donnant quelques chiffres relatifs à la mortalité.

« Mais la république de Venise, la république oligarchique, qui a droit à une des plus grandes places dans l'histoire, n'avait pas pour but la salubrité de la lagune, en mettant ainsi le territoire de sa capitale à l'abri de l'influence des eaux douces.

« Elle regarda dès le principe sa ceinture d'eau comme un rempart infranchissable, et elle mit tous ses soins à en empêcher l'atterrissement, qui l'aurait tôt ou tard reliée à la terre ferme. Voici en effet comment elle en parle dans ses avis officiels et dans ses décrets :

« Il a été pourvu par le trésor public à ce que le domaine des eaux et cet æstuaire qui
« est le siége de notre liberté sainte (æstuaria hæc libertatis sacrosanctæ sedes) soient
« conservés comme les murs sacrés de la patrie. C'est pour cela que les fleuves en ont
« été diligemment et sévèrement éliminés, qu'on les a endigués, que leurs eaux ont été
« divisées, détournées, et que des limites ont été imposées même à la mer (amnes elimi-
« nati... coerciti, divisi, alio traducti, ipsique mari impositæ leges. » Et pour que cet
avis, ainsi motivé, ne fût pas lettre morte, un décret était inscrit, gravé sur la pierre, de tous côtés au bord de la lagune, dans lequel on lisait ces paroles :

« La ville de Venise, par les soins de la divine Providence, a été fondée sur l'eau;
« elle est entourée d'une ceinture d'eau ; c'est l'eau qui lui sert de rempart. Donc, si
« quelqu'un ose porter dommage aux eaux publiques en quelque façon que ce soit, qu'il
« soit jugé comme l'ennemi de la patrie et puni comme coupable d'avoir violé son en-
« ceinte sacrée : hostis patriæ judicetur, nec minori pœna plectatur quam si sanctos
« muros patriæ violasset. »

« La condition de salubrité et d'amélioration du climat n'entre donc pour rien dans ces mesures ; elles furent prises uniquement pour protéger la lagune contre l'envahissement des fleuves. Mais l'effet hygiénique s'en est suivi sans qu'on y songeât, et Venise a été munie à la fois d'un rempart longtemps infranchissable et d'un climat d'une parfaite salubrité.

« Avant la peste de 1630, Venise a eu jusqu'à 200,000 habitants, accumulés sur un terrain qui n'a guère plus d'étendue que notre île de la Cité. Cette population s'y est longtemps maintenue. Aujourd'hui on n'y compte que 120,000 âmes, et ce n'est pas la peste d'Orient qui est l'unique cause de ce moindre nombre ; or il n'y a jamais eu à Venise d'autres égouts que les canaux qui sont les rues grandes et petites. Tout est jeté directement dans les canaux. Eh bien ! la vase de ces canaux n'est point corrompue, l'air n'en est point infecté ; et de plus, lorsque, de temps à autre, pour maintenir la profondeur, on drague, le *fango* que l'on extrait est porté derrière la *Giudecca*, pour servir à des extensions de terrain aux dépens de la plaine liquide.

« J'ai dit le petit espace et quelle était l'accumulation des êtres vivants : on en peut conclure l'accumulation des détritus qui a dû se produire là pendant des siècles, depuis l'an 809 jusqu'à nos jours. Et quand je dis là, je ne dis pas à distance, je dis dans la ville, au pied des maisons et immédiatement au dehors de l'enceinte bâtie.

« On comprend qu'une seule chose conjure tout développement d'infection, et que cette chose est l'eau salée qui va et vient et se renouvelle deux fois par jour, par le fait du flux et reflux de la marée, dont j'ai dit plus haut l'élévation et le courant. A Marseille il n'y a rien de semblable, la marée n'y est point sensible, l'accumulation de détritus de toute espèce mêlés à l'eau pluviale avait fini par faire de son port étroit et fermé un foyer d'infection.

« La salubrité du climat de Venise se juge par les chiffres suivants : le nombre des personnes qui arrivent à l'âge de 60 à 80 ans est, à Venise, de 1 sur 116 ; à Paris, de 1 sur 200. Le nombre des personnes qui arrivent de 80 à 100 ans est à Paris de 1 sur 900, et de 1 sur 400 à Venise.

« Tel est le résultat de mes observations concernant la lagune de Venise, et les conséquences imprévues qu'ont eues pour la salubrité de son climat les sages mesures adoptées par la grande république dans l'unique but de la conservation de sa sécurité et de sa liberté, *libertatis sacrosanctæ sedes*. Je passe à ce qui est de Londres.

« La Tamise est une petite rivière dont le cours est très-lent. A quatre lieues au-dessus de Londres, à Hampton-Court, elle roule des eaux limpides. Elle s'élargit en entrant dans la ville et vient y former un long bassin qui va s'agrandissant dans tous les sens jusqu'à la mer. A Londres, le fleuve a 400 mètres de largeur sur 4 de profondeur. A Deptfort, un peu au-dessous de la ville, elle admet les grands vaisseaux de guerre.

« Or, ce n'est pas la rivière, au cours lent et jamais torrentiel, qui a creusé ce grand lit au milieu de la ville : c'est la mer qui s'élance deux fois par jour au-devant d'elle avec impétuosité, par une embouchure qui est presque un golfe. Le flot océanique vient ainsi produire dans les eaux douces un remous qui les fait remonter bien loin au-dessus du point de rencontre. Quand le flot se retire, il les entraîne avec lui ; mais on comprend qu'il y a, entre l'aller et le retour, un certain intervalle, pendant lequel tout courant est suspendu. Il résulte nécessairement de là une véritable stagnation des eaux douces, qui s'établit entre le point où l'eau salée les rencontre et celui où la marée cesse de se faire sentir. C'est justement dans l'espace renfermé entre ces deux points que la ville se trouve assise.

« Voilà donc un étang d'eau douce parfaitement caractérisé. Eh bien ! c'est dans cet étang que viennent s'écouler les égouts de 300,000 maisons peuplées de 3 millions d'habitants. La Tamise, dans Londres, reçoit ainsi par jour 92,000,000 de gallons, ou 407,680 mètres cubes de matières à fermentation et à miasmes. La partie liquide suit bien le jusant ; mais la partie solide tombe au fond, et, à marée basse, les bords du fleuve mis à sec étalent à la vue et à l'odorat les éléments accumulés d'une infection permanente immense et d'une peste future inévitable.

« J'ai dit le remède en décrivant ce qui a été accompli par la république de Venise quand elle a aménagé sa lagune. Voici en quoi il consisterait pour Londres et comment il serait radical .:

« Il faut conduire les égouts le long du fleuve, sur ses deux rives, jusqu'à l'endroit où le flot de la mer se fait sentir dans sa pureté, jusqu'à l'endroit où l'eau est complètement salée. Il faut favoriser leur écoulement en construisant un barrage à travers la Tamise au-dessus de Londres, au point que la marée n'atteint pas. Là on fera, à droite et à gauche, une prise d'eau dans la rivière, afin de pouvoir tous les jours, à marée basse, opérer une chasse énergique dans l'égout collecteur des deux bords. La chasse que j'indique ici est aussi un résultat de l'expérience ; car ce n'est pas autrement que la capitale de l'Autriche entretient la circulation dans ses égouts, en y faisant couler les eaux de la Wien.

« Alors la Tamise ne recevra plus aucun élément d'infection et ce sera beaucoup. Quant à ceux qu'elle contient déjà, dont son lit est foncé en quelque sorte, surtout aux bords, je ne conseillerais pas d'y promener la drague sans avoir pris, chose très-praticable, des précautions spéciales d'une efficacité bien constatée, afin d'absorber les miasmes qui y couvent et de les empêcher de se mêler à l'atmosphère en les neutralisant. »

NOTE C.

Page 11. . . . comme les éléments d'un climat sont au nombre de trois seulement.

En hygiène, le climat d'un pays résulte de l'influence des agents naturels auxquels l'habitant ne peut se soustraire. 1° L'habitant respire un air dont il ne peut changer la nature, à moins que cette nature dépende seulement de la négligence ou de l'ignorance, et par conséquent que cette nature soit factice, comme celle du climat de Londres, par exemple; l'habitant est soumis à certains vents dominants, sur la direction desquels il n'a point de prise. 2° Le climat résulte encore de l'exposition du sol relativement à l'air, au soleil, et à la facilité avec laquelle l'un échauffe et l'autre circule. 3° Enfin le climat résulte de la qualité des eaux.

Je n'ai pas à exposer comment ces trois choses, l'*air*, les *lieux* et les *eaux*, renferment tous les éléments de la question des climats; je ferai remarquer seulement que la connaissance en remonte aux anciens et qu'Hippocrate a laissé un traité qui passe pour son chef-d'œuvre, lequel traité règle encore la matière; car la science moderne se contente de l'interpréter et de le commenter et n'y a rien ajouté de fondamental.

Maintenant dans quelle mesure l'eau contribue-t-elle aux effets mauvais d'un climat? J'ai là-dessus un fait bien remarquable. En 1838, à Vienne, la population, qui dépasse aujourd'hui 500,000 habitants était évaluée à 350,000. On y comptait, année moyenne, 15,000 morts, ou 1 mort sur 22 habitants, chiffre considérable auquel je ne pouvais pas croire et que je n'ai admis qu'après avoir vu que Francis Baily avait eu de ses calculs les mêmes résultats.

En 1843 j'ai recueilli des éléments de même nature à Venise, à Vienne et à Padoue. Grâce à la courtoisie des autorités supérieures, les chiffres que je possède ont été relevés sur les registres des municipalités. Je les ai rapportés à ceux de Paris des mêmes années que j'ai puisés dans l'*Annuaire du bureau des longitudes*.

Il résulte de ces chiffres que la mortalité de Padoue et de Vicence est à peu près la même que celle de Vienne, 1 sur 22. Or, à la même époque je trouvais pour Venise 1 sur 28 et pour Paris 1 sur 33.

Depuis que ces nombres ont été recueillis, la statistique a perfectionné ses moyens. En consultant les éléments nouveaux, je vois qu'il faut, pour la capitale de la France, élever le chiffre à 1 sur 37 ou 38, et pour Venise à 1 sur 32 environ. Ce dernier chiffre est du docteur Namias; mais le savant médecin de Venise ne l'obtient qu'en portant le total de la population à 126,000 habitants, sans rien dire de ses sources : mes nombres sont tirés des registres de la municipalité.

Je suis loin de prétendre qu'une discussion approfondie, à l'aide des éléments actuels de la statistique, n'apporterait pas à mes chiffres des modifications. Mais ce sur quoi je veux insister, c'est que l'on ne saurait combler, au moyen d'une rectification de nombres, qui porterait nécessairement d'ailleurs sur les deux termes de l'équation, la différence qu'il y a entre :

D'une part, Vienne, Padoue et Vicence, qui sont sur la même ligne, quant à la mortalité, 1 sur 22;

Et d'autre part, Venise et Paris, dont la mortalité, 1 sur 32 et 38, est moindre d'un grand tiers.

La raison de cette différence est donc ailleurs que dans une erreur possible de chiffres; elle est dans le climat. Reste à savoir dans lequel des trois éléments qui le composent : si c'est dans l'*air*, dans les *lieux* ou dans les *eaux*.

L'*air* et les *lieux* de Vicence et de Padoue sont comme l'*air* et les *lieux* de Venise, d'une douceur et d'un agrément incontestables. Martial comparait, de son temps, le littoral d'Altino à celui de Baia.

Æmula Baianis Altini littora villis.
. . . .
Vos critis nostræ portus requiesque senectæ.
(Mart., lib. IV, ep. xxv.)

L'*air* et les *lieux* de cette plage où, du temps de l'empire romain, s'élevait Altino, et où s'élèvent maintenant à peu de distance Vicence et Padoue, sont infiniment plus favorables à la conservation de la santé que l'*air* et les *lieux* de Vienne, ville située au nord de l'Italie, par delà les montagnes, assise sur trois gradins, au pied des dernières cimes des Alpes Noriques, et privée, par le contre-fort du Simmering, de la douce et bienfaisante haleine des vents du sud. Que conclure de cette mortalité qui se retrouve la même dans des conditions d'*air* et de *lieux* si profondément différents, sinon que ces deux éléments du climat ne sont pas ses causes efficientes les plus énergiques

Voyons maintenant ce que dit là dessus le troisième élément du climat, c'est-à-dire les *eaux*.

En 1859, sur mon invitation, M. Vilhelm Wurtzler soumit à l'analyse chimique les eaux d'origine diverse qui alimentent la ville de Vienne. Les matières fixes abondent dans ces eaux : tandis que l'eau du Danube contient seulement 1,325 millièmes, l'eau du palais Schwartzenberg au Mehlmarkt en contient 6,040 millièmes; et, chose singulière, cette eau du Mehlmarkt est la plus recherchée des Viennois pour la boisson.

Les eaux de Vicence et de Padoue sont dans le même cas que celles de Vienne. Je possède l'analyse de toutes les eaux de Vicence, faite par MM. Curti et de Meneghini, sur l'invitation des autorités. Les eaux de Padoue sont de la même nature, naissant d'un même sol. Les unes et les autres contiennent des quantités très-considérables de matières fixes. A une époque où l'on cherchait les moyens d'y remédier, le docteur Thiene consulté répondait qu'il ne mettait pas en doute l'insalubrité des eaux, et il citait en preuve le fait suivant tout à fait spécial et qui s'était passé sous ses yeux.

Un étranger d'un âge mûr et d'une excellente constitution, étant allé habiter Vicence, fut atteint, au bout de très-peu de temps, d'une véritable néphrite calculeuse, dont il n'avait jamais eu auparavant le moindre symptôme. Il quitta Vicence pour aller habiter Venise, et la néphrite disparut. Il revint à Vicence, et au bout de peu de temps il fut atteint d'une nouvelle néphrite, dont il se délivra pour toujours en retournant à Venise. Un autre fait non moins curieux que je trouve dans un mémoire du docteur Rossi, vétérinaire de la municipalité de Vicence, est le suivant : la plupart des bœufs abattus pour la consommation de la ville viennent des étables et des fermes suburbaines, et ils sont par conséquent abreuvés avec des eaux analogues à celles de la ville ; presque tous ont la pierre.

Je ne crois pas qu'il existe dans la science des faits plus directs et plus concluants concernant l'influence, pour ainsi dire immédiate, des eaux sur la production d'une maladie déterminée. Il est évident que, en ce qui regarde les autres maladies, la même influence ne peut se déceler que par la mortalité générale. En médecine, la certitude a sa source dans l'ensemble des résultats recueillis par l'observation. Ce n'est pas une certitude physique comme celle que l'on obtient dans des expériences de physique ou de chimie; ce n'est pas une certitude métaphysique comme celle que l'on obtient d'un raisonnement juste fondé sur des axiomes : c'est une certitude morale. Mais cette certitude n'en commande pas moins l'adhésion; elle la commande au même titre que celle qu'on obtient par le calcul des probabilités. Appliquez ce calcul à un ordre particulier de faits : si vous opérez sur de grands nombres, vous arriverez à des conséquences qui seront l'expression de la vérité; si vous n'avez que des cas isolés, vous risquez de tomber dans l'erreur.

Il est bien évident que les eaux de Vicence peuvent donner la pierre, puisqu'elles l'ont donnée directement à un homme et qu'elles la donnent aux bœufs. Si l'on concluait de là que les calculeux sont plus nombreux dans cette ville qu'ailleurs, on se tromperait peut-être. Mais on ne se trompera pas en ceci, savoir : que, puisque des trois éléments du climat, deux sont salutaires, ce n'est pas à ces deux éléments qu'il faut attribuer l'excès de la mortalité, mais bien au troisième, aux *eaux* que, d'ailleurs, de tout temps, à Padoue et à Vicence, on a taxées d'insalubrité.

Mais quelle action l'homme peut-il avoir sur ces trois éléments de tout climat ?

1° Il n'a pas d'action sur l'*air;* il ne peut changer en rien la constitution générale de son atmosphère. Je ne connais qu'un pays en Europe où il ait ce pouvoir. Le jour où les habitants de Londres auront des cheminées qui ne fumeront pas, la constitution de leur atmosphère sera changée; et le chiffre de la mortalité, dont ce n'est pas la seule raison d'être, diminuera d'autant. Or, voici la valeur actuelle de ce chiffre, comparé à celui de Paris : sur 1,000 personnes qui naissent en même temps, à Paris il y en a 396 qui atteignent l'âge de cinquante ans ; à Londres il y en a seulement 147.

2° L'homme a plus d'action sur les lieux : nous en voyons maintenant un exemple remarquable. Les changements radicaux qui s'accomplissent aujourd'hui dans la conformation de certains quartiers de Paris sont le principe incontestable d'une amélioration réelle dans les conditions de la salubrité. Cette amélioration se traduira, en peu d'années, par une diminution notable dans le chiffre de la mortalité des habitants, si toutefois des causes imprévues ne viennent influer directement sur les autres éléments qui concourent à la formation de ce chiffre. Mais en faisant circuler plus librement l'*air* dans ces quartiers, on n'a pas changé le climat de Paris quant à la configuration du sol, la direction de son fleuve de l'est à l'ouest, et la position respective des collines qui l'environnent ou sur lesquelles ses maisons sont bâties. Telles sont en effet les limites dans lesquelles on peut influer sur le deuxième élément du climat.

3° Mais l'homme a toute influence sur son *eau.* Il est toujours le maître de la choisir; car il peut s'établir là où cet élément lui est offert dans de bonnes conditions par la nature. Il peut aussi, par contre, abandonner son eau de rivière pour recourir à une eau de source et préférer ainsi, au bien réel dont il est en possession, des avantages qui ne consistent que dans l'apparence. Dans cette recherche des eaux de source, il suit l'impulsion d'une délicatesse matérielle tout à fait fausse, s'appuyant sur l'ignorance de la véritable nature des choses. Il aspire à améliorer sa condition, et il se met à grands frais dans une condition pire.

Les chiffres suivants, extraits des tables de Baily, démontrent mieux que tous les raisonnements combien le climat de Paris l'emporte sur celui des autres capitales de l'Europe, et par conséquent combien il faut apporter de réserve dans les mesures qui seraient de nature à changer, d'une façon quelconque, les conditions de ce climat.

TABLE

Du nombre des vivants aux différents âges, dans les villes de Vienne. Berlin, Londres et Paris.

SUR 1000 PERSONNES QUI NAISSENT EN MÊME TEMPS, IL EN RESTE VIVANTS, SAVOIR :

AGES	VIENNE.	BERLIN.	LONDRES.	PARIS.	AGES	VIENNE.	BERLIN.	LONDRES.	PARIS.
1	542	633	680	745	51	142	152	141	390
2	471	528	548	709	52	137	147	135	384
3	430	485	492	682	53	133	142	130	378
4	400	454	452	662	54	128	137	125	371
5	377	405	426	647	55	123	132	120	365
6	357	387	410	634	56	117	127	116	355
7	344	376	397	624	57	111	121	111	346
8	337	367	388	615	58	106	115	106	338
9	351	361	380	607	59	101	109	101	329
10	327	356	373	600	60	96	105	96	319
11	322	353	367	595	61	91	97	92	309
12	318	350	361	590	62	87	92	87	299
13	314	347	356	585	63	82	88	83	288
14	310	344	351	581	64	77	84	78	278
15	306	341	347	578	65	72	80	74	267
16	302	338	343	574	66	67	75	70	256
17	299	335	338	570	67	62	70	65	245
18	295	332	334	565	68	57	65	61	234
19	291	328	329	561	69	52	60	56	222
20	288	324	325	556	70	48	55	52	211
21	284	320	321	551	71	44	51	47	199
22	280	315	316	545	72	40	47	43	187
23	276	310	310	540	73	36	43	39	175
24	273	305	305	534	74	33	39	35	162
25	269	297	299	529	75	30	35	32	148
26	265	293	294	523	76	27	32	28	134
27	261	247	288	517	77	24	29	25	120
28	256	281	283	512	78	21	26	22	106
29	251	275	278	506	79	18	23	19	94
30	247	269	272	500	80	16	20	17	81
31	243	264	266	495	81	14	18	14	70
32	239	259	260	490	82	12	16	12	59
33	235	254	254	484	83	10	14	10	49
34	231	249	248	479	84	8	12	8	40
35	226	245	242	474	85	7	10	7	33
36	221	237	236	469	86	6	8	6	26
37	216	230	230	464	87	5	7	5	21
38	211	223	224	459	88	4	6	4	16
39	205	216	218	454	89	3	5	3	12
40	199	209	212	449	90	2	4	2	8
41	194	203	207	444	91	1	3	1	5
42	189	197	201	439	92	0	2	0	3
43	185	192	194	434	93	0	0	0	1
44	181	187	187	429	94	0	0	0	0
45	176	182	180	424	95	0	0	0	0
46	171	177	174	419	96	0	0	0	0
47	165	172	167	413	97	0	0	0	0
48	159	167	159	408	98	0	0	0	0
49	153	162	153	402	99	0	0	0	0
50	147	157	147	396	100	0	0	0	0

D'après cette table, si l'on veut savoir combien de personnes sur mille sont parvenues à l'âge de 10 ans, on voit qu'à Vienne il y en a 327 ; à Berlin, 356 ; à Londres, 373 ; à Paris, 600. Combien sur le même nombre sont parvenues à l'âge de cinquante ans ? Réponse : à Vienne, 147 ; à Berlin, 157 ; à Londres, 147 ; à Paris, 396.

TABLE

De la vie moyenne à différents âges, pour les villes de Vienne, Berlin, Londres et Paris.

AGES.	VIENNE.	BERLIN.	LONDRES.	PARIS.
Naissance....	16.57......	17.85.....	17.90.....	51.79
5......	50 54	28.67	35.28.....	48.19
10.... ..	37.02.....	37.15.....	34.91.....	46.76
15......	34.11......	33.05.....	32.52.. ...	43.46 ·
20......	31.39......	30 34.	29.37......	40.08
25.....	28.32....	27.47....	26.66......	37.01
30	25.62.. ..	25.25.....	24.11	33.96
55......	22.66.....	22.76.....	21.76.....	30.73
40.... ..	20.49.. ...	20 91......	19.50	27.50
45... ...	17.82......	·18.85.... .	17.63.... ..	25.77
50.	15.88.....	16.40......	15.84... ..	20.24
55......	15.50.....	14 14.....	15.91.....	16.85
60.... ..	11.65.....	12.49......	11.60. ...	15.86
65......	9.51.....	10 48.....	9.60.....	11.07
70......	8.30.....	8.69......	8.00.....	8.34
75......	6.37... ..	7.08......	6.27	5.79
80......	5.50.....	6.07.....	4 86.... ..	4.75
85......	3.53	4.50...	3.04.....	3.45
90......	1 50.....	2.85	0.00.....	1.79
95.... ..	0.00.....	0.00......	0.00......	0.85

Cette table indique la vie probable d'une personne habitant les villes désignées et ayant un âge déterminé. L'habitant de Vienne qui a atteint l'âge de 25 ans peut espérer de vivre 28 ans, et 32 centièmes d'année ou 4 mois. L'habitant de Berlin, 27,47 ; celui de Londres, 26,66 ; celui de Paris, 57,01.

Un homme de 50 ans a devant lui une probabilité de vie de 15,88 à Vienne ; 16,40 à Berlin ; 15,84 à Londres ; 20,24 à Paris, etc.

NOTE D.

Page 12. . . . Elles sont partout relatives aux lieux et aux habitudes.

Dans une ville de 60,000 âmes, une commission officielle, instituée par un décret du gouverneur, pour s'occuper de l'approvisionnement de cette ville en eau potable, fit entrer dans ses calculs, pour établir une moyenne, les données suivantes, qui sont curieuses à reproduire :

1° Sur les bâtiments au long cours, la ration de l'équipage est, par tête, de . . . . 2 litr. 70

Dans les forteresses, on attribue à chaque homme, pour boire, cuire et laver :

2° Selon Cormontagne. 5   10
3° Selon Hoyer 5   40
4° Selon François Weiss (faisant observer que Hoyer n'a pas compris dans sa ration l'eau nécessaire pour faire le pain). 6   75

De pareils éléments sont irréprochables sans doute ; ils enseignent quelle est la quantité d'eau nécessaire à un homme pour ne pas mourir de soif. Mais ils étaient sans valeur dans la question, car il n'y a pas la moindre comparaison à faire entre les besoins d'une population qu'on veut mettre dans une situation normale et les nécessités auxquelles sont soumis un équipage en pleine mer et des soldats dans une forteresse assiégée.

NOTE E.

Page 30. . . . *jusqu'à Venise où il faut les amener.*

J'ai lu la note suivante à l'Académie des sciences (séance du lundi 23 juillet 1860), à l'occasion de renseignements qui m'ont été demandés sur son objet de la part d'un professeur qui, jaloux de puiser aux sources, avait en vain multiplié ses recherches.

Venise a fait partie de l'empire français pendant un assez long espace de temps, elle porte des traces glorieuses de notre séjour, et la digue de Malamocco, terminée par le gouvernement autrichien avec quelques modifications, a été conçue par M. de Prony. Nous possédons de cette ville de nombreuses et d'intéressantes descriptions ; mais nulle part on ne trouve la description de la citerne. Aucun ingénieur n'a su dire au zélé professeur dont je parle en quoi consistent réellement les moyens pratiques employés dans une ville de 120,000 âmes pour fournir la boisson journalière à sa population.

Ceci prouve au moins une chose, c'est que la question des *eaux publiques* n'a jamais été traitée dans son ensemble. Et en effet, les ingénieurs seuls s'en s'ont occupés au point de vue de leur art seulement, ils ont donné des préceptes et des formules pour conduire, pour élever, et pour distribuer les eaux. La question n'est pas toute là.

NOTE SUR LES CITERNES DE VENISE.

« La ville de Venise, si curieusement située au milieu d'un grand lac d'eau salée communiquant avec la mer, est établie sur une surface de 5,200,000 mètres carrés, abstraction faite des grands et petits canaux. Année commune, il y tombe 82 centimètres de pluie. Supposez qu'une pareille superficie, occupée par des rues et par des toits, mais surtout par des toits, parce que les rues sont très-étroites, soit employée à recueillir l'eau du ciel, une population de 125,000 âmes trouvera directement dans la pluie, à défaut d'autres moyens d'approvisionnement, une quantité d'eau suffisante pour ses besoins économiques. Et en effet, 5,200,000 mètres carrés de surface couverts de 82 centimètres d'eau donneraient 26 litres par habitant.

« La plus grande partie de cette pluie est recueillie par 2,077 citernes, dont 177 sont publiques et 1,900 appartiennent aux maisons particulières : elles ont ensemble une capacité de 202,735 mètres cubes.

« Le pluviomètre du séminaire patriarcal démontre que la pluie tombe à des distances et avec une abondance suffisantes pour remplir les citernes cinq fois par an, ce qui donnerait près de 24 litres par tête. Mais, le sable dépurateur occupant dans la citerne à peu près le tiers de sa capacité, les 24 litres se réduisent à 16.

« Les citernes de Venise doivent servir de modèle, tant pour la manière dont elles sont construites que pour le choix des matériaux qu'on y emploie. Et à ce titre elles méritent d'être étudiées dans tous leurs détails. Ceux qui suivent peuvent être considérés comme officiels, car ils m'ont été fournis par M. Salvatori, ingénieur de la municipalité de Venise.

« Les matériaux constituants d'une citerne sont l'argile et le sable.

« On creuse le sol jusqu'à environ trois mètres de profondeur, les infiltrations de la lagune empêchant d'aller plus avant. On donne à l'excavation la forme d'une pyramide tronquée dont la base regarde le ciel.

« On maintient le terrain environnant à l'aide d'un bâtis en bon bois de chêne ou de larix, s'appliquant sur le sommet tronqué aussi bien que sur les quatre côtés de la pyramide.

« Sur le bâtis en bois, on dispose une couche d'argile pure, bien compacte et bien liée, et dont on unit la surface avec un grand soin.

« L'épaisseur de cette couche est en rapport avec la dimension de la citerne : dans les plus grandes, elle n'a pas plus de 30 centimètres.

« Cette épaisseur est suffisante pour résister à la pression de l'eau qui sera en contact avec elle, et aussi pour opposer un obstacle invincible aux racines des végétaux qui peuvent croître dans le sol ambiant. On regarde comme très-important de n'y point laisser de cavités où l'air puisse se loger.

« Au fond de l'excavation, dans l'intérieur du sommet tronqué de la pyramide, on place une pierre circulaire, creusée au milieu en fond de chaudron, et on élève sur cette pierre un cylindre creux du diamètre d'un puits ordinaire, construit avec des briques sèches bien ajustées, celles du fond seulement étant percées de trous coniques. On prolonge ce cylindre jusqu'au dessous du niveau du sol, en le terminant comme la margelle d'un puits.

« Il y a ainsi un grand espace vide entre le cylindre qui se dresse du milieu de l'excavation pyramidale et les parois de la pyramide, revêtues d'une couche d'argile reposant sur le bâti du bois.

« On remplit cet espace avec du sable de mer bien lavé, dont la surface vient affleurer l'argile.

« Avant de couvrir le tout avec le pavé, on dispose à chacun des quatre angles de la base de la pyramide une espèce de boîte en pierre, fermée par un couvercle également en pierre et percé de trous. Ces boîtes, appelées *cassettoni*, se lient entre elles par un petit canal en briques sèches reposant sur le sable. Le tout est recouvert enfin par le pavé ordinaire, qu'on incline dans le sens des quatre orifices des angles, des *cassettoni*.

« L'eau recueillie par les toits entre par les *cassettoni*, pénètre dans le sable à travers les jointures des briques des petits canaux, et vient se rassembler, en prenant son niveau, au centre du cylindre creux, dans lequel elle s'introduit par les petits trous coniques pratiqués au fond.

« Une citerne ainsi construite et bien entretenue donne une eau très-limpide et la conserve parfaitement jusqu'à la dernière goutte. » (Voyez : *Comptes rendus hebdomadaires des séances de l'Académie des sciences, par MM. les secrétaires perpétuels,* tome LI, page 123.)

A la suite de cette communication, M. le docteur Maximin Legrand, avec une curiosité qui révèle en lui un esprit pratique orné d'une solide instruction, est venu me demander des renseignements plus détaillés, et en reproduisant ma *note académique* dans l'*Union médicale* du 4 août dernier, il y a joint les réflexions suivantes, qui font comprendre, surtout au point de vue hygiénique, l'utilité éminente de la citerne vénitienne.

Je terminais ma communication par la réflexion suivante :

« Il y a sur les hauteurs qui environnent Paris de grands établissements et même « des agglomérations d'habitants pour lesquels une citerne vénitienne serait un « véritable bienfait. Dans ces localités, la superficie des toits est assez étendue pour « constituer à la citerne, comme disent les Vénitiens, une *dot* généreuse. »

« Nous ne savons, dit M. Legrand, à quelles localités M. Grimaud de Caux faisait particulièrement allusion, mais nous en signalerons quelques-unes dans lesquelles, pour nous servir de ses expressions, le bienfait d'une citerne vénitienne serait bien placé.

« Ce sont d'abord tous les forts détachés qui environnent Paris et la plupart des postes-casernes qui règnent autour de l'enceinte continue, et où rien n'a pu être fait pour amener une conduite d'eau. Dans tous ces établissements, il y a une surface couverte assez grande pour recueillir l'eau de pluie et en remplir une citerne d'une capacité relative.

« Ce sont ensuite les nombreux villages situés sur les riants coteaux du département de la Seine.

« Dans ces villages, qui pour la plupart n'ont pas de service d'eaux publiques, il y a toujours une mairie, ou une église, ou une grande maison, et aussi une place devant l'église ou devant la mairie. L'établissement d'une citerne vénitienne au milieu de la place serait la chose du monde la plus facile et la moins dispendieuse à établir. La dot

8

de cette citerne serait fournie par la superficie des toits de l'église, ou de la mairie, ou de la grande maison, et, s'il le fallait, des trois ensemble.

« Les chiffres suivants fournissent la base de la dot qu'il faudrait constituer à chaque champ de citerne.

« A la latitude de Paris, le nombre moyen des jours pluvieux est de 134, et la quantité moyenne d'eau qui tombe pendant l'année est de 0,53 centimètres. De façon qu'une surface de 100 mètres carrés donnerait 53 mètres cubes d'eau. En faisant la part des pertes résultant pour cette eau, avant son arrivée à la citerne, de l'évaporation, ou d'autres causes imprévues, on réduirait à 40 mètres cubes, c'est-à-dire à 4,000 litres, soit 100 litres environ par jour, la provision largement calculée pour la boisson de 20 personnes.

« Sur les hauteurs d'Écouen, à Villiers-le-Bel, l'un des plus jolis villages des environs de Paris, presque toutes les maisons ont des réservoirs, soit sous terre, soit sous toit, construits en maçonnerie, en zinc, ou en d'autres matériaux susceptibles de garder de l'eau et de la conserver. Quand ces réservoirs sont épuisés, on va chercher dans les tonneaux de l'eau du Rosne à Sarcelles. Le premier habitant de Villiers-le-Bel qui construira une citerne vénitienne, et qui, par son exemple et ses succès, encouragera ses compatriotes à l'imiter, acquerra des droits certains à la reconnaissance publique.

« Ajoutons qu'il n'y a pas de localité, ni ville, ni village, ni château, ni chaumière, où l'on ne creuse des puits à proximité pour avoir de l'eau. Ces puits constituent autant de réservoirs dans lesquels viennent se rendre, en s'infiltrant, les eaux répandues à la surface du sol, dans un rayon déterminé. Quand ces réservoirs n'ont pas pour base d'alimentation une bonne source, leur eau est inévitablement insalubre et de la plus mauvaise qualité pour la boisson et la préparation des aliments. Car les infiltrations locales sont, ainsi que nous avons déjà eu l'occasion de le dire, principalement alimentées par les liquides de toute sorte que l'on rejette autour des habitations. La citerne vénitienne, qui ne recueille que l'eau de pluie et qui la rend pure et limpide, est un moyen d'obvier à un pareil inconvénient. Or, partout où il y a un toit, il y a moyen de recueillir l'eau de la pluie. Quant aux matériaux constituants d'une citerne, ils se trouvent partout; partout, en effet, il y a du sable, de l'argile, de la pierre et des briques, et la mise en œuvre de ces matériaux est des plus faciles. Seulement, il faut apporter une certaine précision dans leur emploi. Ainsi il faut : 1° que l'argile soit bien liée; 2° que le sable soit bien pur, bien lavé : s'il contenait de la terre, il fournirait à l'eau des principes fermentescibles; 3° il faut que ce sable soit bien isolé du terrain environnant par l'argile. Ces conditions sont aisées à remplir. » Dr Maximin LEGRAND.

M. le docteur Legrand a spécifié, avec une sagacité parfaite, les trois conditions indispensables au succès, mais il n'a rien dit du *modus faciendi*. L'événement a prouvé que le sujet était assez nouveau, et qu'il y aurait utilité à ne rien omettre pour l'instruction des personnes qui voudraient en faire l'application. Voici donc le procédé mis en usage pour que toutes les conditions soient exactement remplies. On commence par préparer la pierre du fond, qui doit servir de base au cylindre : elle ne doit pas être en calcaire. On dispose à proximité l'argile et le sable nécessaires, l'argile bien travaillée et bien liée, et le sable bien lavé. On creuse le terrain en forme de pyramide renversée. La troncature du sommet de la pyramide doit être égale à la grandeur de la pierre du fond. Les côtés, en talus, sont inclinés à 45°. A Venise, on creuse à 3 mètres : en terre ferme, rien n'empêche d'aller plus profondément. On régale bien les parois et l'on applique le bâti en bois. Ce qui reste à faire exige de la précision. On commence par tapisser le fond, la troncature de la pyramide, avec une couche d'argile, de l'épaisseur que l'on a déterminée et qui doit être en rapport avec la grandeur adoptée. L'ouvrier vénitien prend l'argile dans ses mains, la manie bien, en forme une grosse boule et la jette avec force à l'endroit indiqué. Il jette ainsi boule sur boule, les lisse bien sur place, mettant un grand soin à ce qu'il n'y ait point de vides et par conséquent point d'air interposé. Quand cette couche du fond est terminée, il pose la pierre dessus bien d'aplomb et bien nivelée. Cela fait, on commence à tapisser les parois tout autour avec de l'argile. Pendant qu'on fait ainsi un pied en hauteur, toujours en jetant boule sur boule et en lissant, un ouvrier *ad hoc* élève le cylindre de la même hauteur ; puis l'on tasse une couche égale de sable dans l'intervalle. On continue ainsi jusqu'à environ un pied au-dessous du niveau du sol, en maintenant le cylindre, le sable et la couche d'argile à des hauteurs toujours égales ; l'intervalle restant est occupé par le pavé. A la fin de chaque journée, on recouvre l'argile de linges mouillés, afin de la retrouver le lendemain en l'état d'humidité où on l'a laissée.

Je compléterai ces renseignements par des documents que je retrouve dans mes notes, et qui concernent principalement les *bigolante* et les citernes du palais ducal ; j'y joins des détails statistiques qui m'ont paru dignes de quelque intérêt.

Les *bigolante* sont, pour la plupart, de jeunes et jolies filles du Frioul, arrivées à Venise pour y faire le commerce que font à Paris les porteurs d'eau. Il faut les voir trottant menu sur les dalles des *Procuraties* et de la place Saint-Marc, le chapeau de feutre, à bords relevés, coquettement posé sur l'oreille et décoré d'un peu de paillon.

En aucun temps le palais ducal n'eut de courtisans plus fidèles ; les faveurs que ces jeunes filles viennent y solliciter chaque matin, elles les puisent elles-mêmes au fond des *pozzi* d'Alberghetti et de Nicolo di Marco, ces belles citernes si renommées par leur margelle en bronze de Corinthe, où le ciseau de l'artiste a représenté plusieurs faits de l'Écriture sainte conformes à la circonstance. C'est Moïse qui frappe le rocher de sa baguette et en fait sortir d'abondantes eaux ; c'est Rebecca qui présente sa cruche à Eliézer en lui disant naïvement : « Buvez, mon maître. » (*Bibe, domine mi*). Mais toutes ces eaux sont figurées, et, après quelques visites des *bigolante*, il n'y en a pas plus au fond de la citerne que sur ses bords.

Les citernes du palais ducal sont publiques, et tout le monde peut y puiser ; mais, comme l'eau n'y filtre pas plus rapidement que dans les autres, on a bien vite enlevé le matin ce qui s'y était ramassé pendant la nuit. Alors on voit les *bigolante* s'armer de petits vases cylindriques et oblongs en fer-blanc, les suspendre à une corde, légère et les descendre cinquante fois, s'il le faut, au fond de la citerne, jusqu'à ce que leur seau soit rempli, pour y recueillir la petite quantité d'eau qui s'y ramasse de minute en minute.

Les *bigolante* portent cette eau en ville chez des pratiques, qui la leur payent plus ou moins, selon l'éloignement, 6, 8, 10 et 12 et jusqu'à 14 centimes pour seize à dix-sept litres.

Outre les *bigolante*, on voit circuler continuellement dans les canaux de Venise de nombreuses barques chargées de trois cuves, distribuant également au détail l'eau de la *Scriola*, au prix de 15 centimes le mastello d'environ cinquante litres. Les particuliers qui achètent l'eau de ces barques ne la reçoivent que de seconde main. C'est de l'eau déjà vendue par des bateliers qui vont la chercher à la Scriola, petit canal dérivé de la Brenta, aboutissant aux Moranzani, au delà de la lagune au-dessus de Fusine.

Ces derniers font des voyages plus ou moins nombreux, selon le besoin du moment. La moyenne des barques qui se présentent aux bouches du *Moranzano* chaque jour est de 42 (de 24 à 60) ; leur contenance varie de 8 mètr. 40 cent. cubes jusqu'à 33 mètr. 60 cent., ce qui donne une contenance moyenne de 21 mètres cubes ou 210 hectol. par barque.

Les barques dont il s'agit sont menées par deux hommes, à la rame et à l'aviron. L'eau y est reçue sans aucun intermédiaire ; la barque en est remplie complétement et dans tous ses coins. Les rameurs la poussent en circulant pieds nus sur ses bords étroits, et, comme elle plonge tout à fait dans la lagune, pour peu que celle-ci soit agitée, soit par l'action de la rame, soit par le vent, l'eau salée vient se mêler à l'eau douce. Dans les grands vents, ce mélange de l'eau douce et de l'eau salée devient quelquefois trop fort : il faut vider la barque et revenir promptement sur ses pas pour faire un nouveau chargement ; alors ce n'est pas seulement le temps qui se trouve perdu, c'est aussi le droit, assez faible à la vérité, qui se paye en passant à Fusine.

NOTE F.

Page 31. . . . . *au point de départ des eaux, au Château d'Eau, au principe de l'aqueduc.*

Les deux planches qui font suite à ce travail ont été dessinées par M. Adrien Dauzats. Je n'ai pas l'autorité nécessaire pour détailler et faire apprécier le mérite de ces dessins ; mais je puis dire que M. Dauzats a atteint parfaitement le but que je me suis proposé, qu'il s'est rendu entièrement maître de mon idée. Il est difficile, en effet, de concevoir un projet plus léger et plus élégant. Certainement, s'il est exécuté, il n'aura rien à redouter du voisinage de la galerie du Louvre qui regarde la Seine, et qui commence au Salon carré pour finir au pavillon Lesdiguières.

On franchit le barrage de la Monnaie au moyen de trois arches, et l'on en jette cinq grand bras de la Seine. C'est un aqueduc de huit arches interrompues à la pointe de l'île par une tour hydraulique. Les tuyaux partant de la tour sont posés sur les arches et vont s'unir à droite et à gauche aux réseaux qui distribuent l'eau dans toutes les parties de la ville.

Les tuyaux sont logés dans une galerie avec arceaux posés sur colonnettes. Cette galerie, formant un second étage avec corniche, est ensuite surmontée d'un attique percé d'ouvertures arrondies et décoré d'un couronnement.

Chaque pile du pont forme piédestal et supporte deux coupes étagées d'un diamètre différent dont la supérieure sert de point de départ à un jet d'eau.

On a ainsi en travers de la Seine huit jets d'eau et une cascade fournie par la tour hydraulique.

Ces jets d'eau et cette cascade produisent sur le dessin un brillant effet décoratif, qui surpasse bien certainement ce qui a été fait de plus magnifique en ce genre à Versailles; et néanmoins il est aisé de comprendre que le spectacle réalisé sera encore plus magique. Le dessin ne peut pas rendre l'effet de ce rideau immense se déployant sur toute la largeur de la Seine; il ne peut pas rendre le mouvement, les nappes qui s'étalent, l'eau qui se divise, les bulles qui perlent, la lumière réfléchie, décomposée, dispersée, et tous les brillants accidents produits par une masse liquide tombant d'une grande hauteur, accidents variés à l'infini, se multipliant au gré du spectateur, en quelque sorte, puisqu'il suffit de changer de place pour jouir à l'instant même d'une perspective nouvelle.

NOTE 6.

Page 37. . . . L'eau a donc une grande affinité avec l'oxygène.

L'analyse chimique démontre que les eaux légères contiennent de 28 à 50 centimètres cubes d'air par litre d'eau, et cet air se compose de 32 à 33 pour 100 d'oxygène et de 67 à 68 d'azote, tandis que l'air atmosphérique contient normalement 21 pour 100 d'oxygène et 79 d'azote.

C'est Priestley qui, le premier, a observé que l'air retiré des eaux contient plus d'oxygène que l'air de l'atmosphère; mais nous devons à Gay-Lussac et Humboldt les connaissances les plus précises sur ce fait important. De tous les gaz sur lesquels ils ont opéré, l'oxygène est celui dont l'absorption par l'eau de la Seine est le plus considérable. En mettant en contact avec cette eau, avec l'eau de la Seine, chargée d'air,

100 parties de gaz oxygène, 100 d'azote et 100 d'hydrogène, le gaz oxygène diminue de 40 parties, tandis que les deux autres ne perdent que 5 et 3 parties.

M. Poggiale, dans son *Traité d'analyse chimique par la méthode des volumes*, ouvrage qui a pris rang parmi les livres classiques, parle de l'examen qu'il a fait de l'eau de la Seine, mois par mois, en 1852, 1853, 1854, dans le but de déterminer, d'une manière précise, la proportion et la nature des gaz que cette eau contient ; et il termine par la conclusion suivante :

« L'absorption réelle de gaz oxygène est bien plus considérable encore que ne l'indique son volume apparent. En effet, les 60 parties de résidu ne sont pas formées d'oxygène pur, mais elles contiennent 37 parties d'azote et 23 d'oxygène. Ainsi, les eaux de rivière, que l'on regarde comme saturés d'air, absorbent une proportion considérable d'oxygène lorsqu'on les met en contact avec ce gaz. Ce fait mérite d'être signalé, car il est susceptible d'applications très-importantes. »

Cette conclusion, donnée par l'expérimentation scientifique, par les faits recueillis dans le laboratoire, n'est, on le voit de reste, que la confirmation éclatante de la doctrine suivie dans ce Mémoire, concernant les eaux de fleuve et de rivière, et les eaux de la Seine spécialement. Cette doctrine, au surplus, conforme à l'expérience de tous les peuples, est celle que l'Académie des sciences a consacrée en plusieurs occasions, comme il a été démontré dans le cours de ce travail.

PARIS.— IMP. SIMON RAÇON ET COMP., RUE D'ERFURTH, 1.

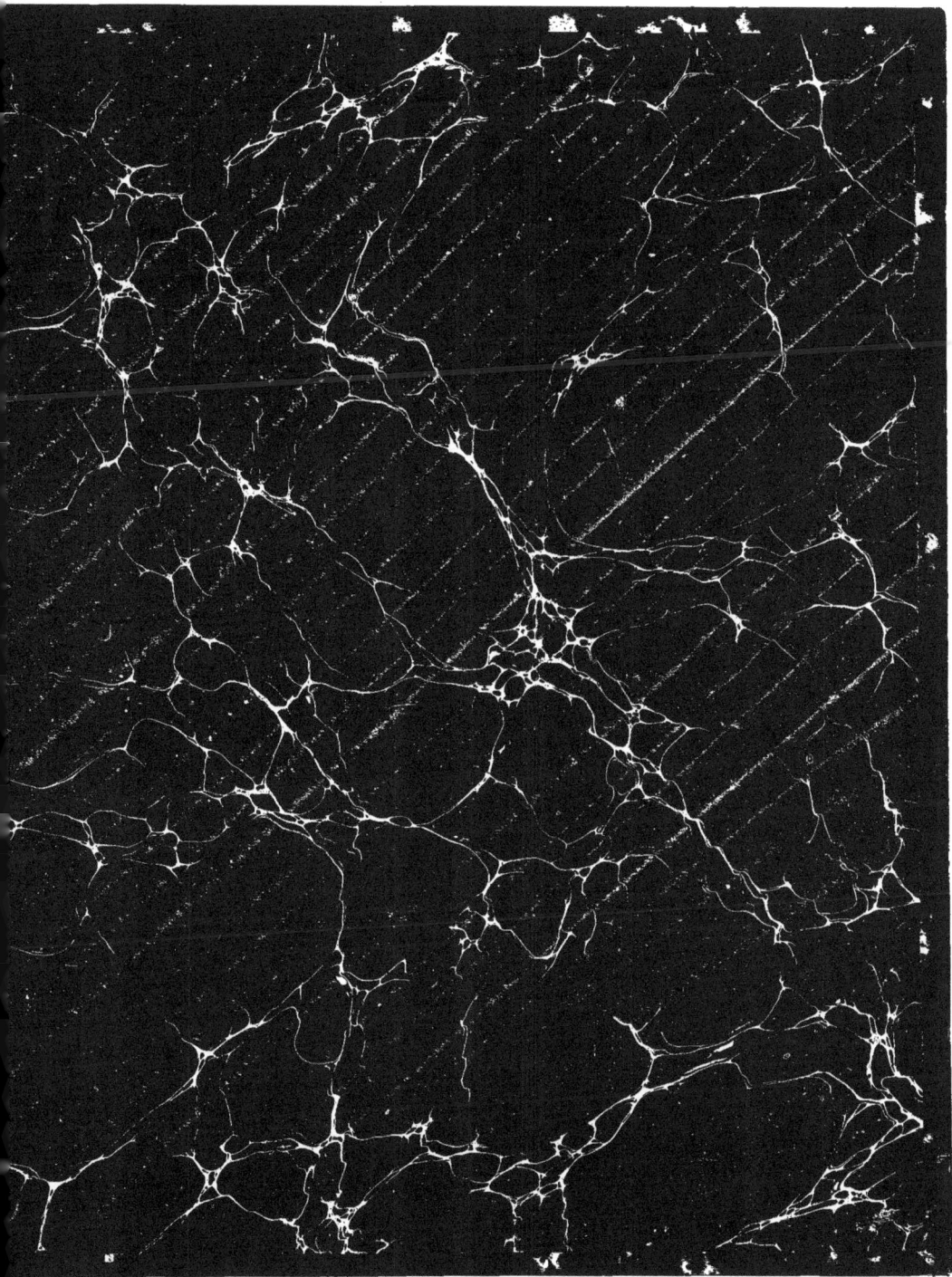

www.ingramcontent.com/pod-product-compliance
Lightning Source LLC
Chambersburg PA
CBHW071233200326
41521CB00009B/1456